神奇的数学 上

517 个开发大脑潜能的数学谜题

[英] 伊凡·莫斯科维奇◎著

刘萌◎译

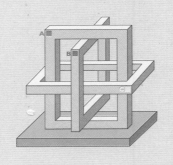

北方文艺出版社

黑版贸审字　08-2019-143号

First published in the United States by Workman Publishing Co., Inc.
under the title: THE LITTLE BOOK OF BIG BRAIN GAMES: 517 Ways to Stretch,
Strengthen and Grow Your Brain
Copyright © 2010 by Ivan Moscovich
Illustrated by Tim Robinson.
PlayThink 184, "Sharing Cakes," and PlayThink 178, "Japanese Temple
Problem from 1844," from Which Way Did The Bicycle Go? by Joseph D.E. Konhauser,
Dan Velleman, and Stan Wagon. Reprinted by permission from the Mathematical
Association of America. Which Way Did The Bicycle Go? pages 62 and 107.
Published by arrangement with Workman Publishing Co., Inc., New York.

图书在版编目（CIP）数据

　神奇的数学：517个开发大脑潜能的数学谜题 /
(英) 伊凡·莫斯科维奇 (Ivan Moscovich) 著；刘萌译
. — 哈尔滨：北方文艺出版社，2019.9
　书名原文: THE LITTLE BOOK OF BIG BRAIN GAMES:
517 Ways to Stretch, Strengthen and Grow Your
Brain
　ISBN 978-7-5317-4595-2

　Ⅰ. ①神… Ⅱ. ①伊… ②刘… Ⅲ. ①数学－普及读
物 Ⅳ. ①O1-49

　中国版本图书馆CIP数据核字(2019)第140260号

神奇的数学：517个开发大脑潜能的数学谜题
Shenqi de Shuxue 517ge Kaifa Danao Qianneng de Shuxue Miti

作　者 / [英] 伊凡·莫斯科维奇
译　者 / 刘　萌

责任编辑 / 宋玉成　赵　芳　　　　　　封面设计 / 烟　雨

出版发行 / 北方文艺出版社　　　　　　邮　编 / 150080
发行电话 /（0451）85951921 85951915　　经　销 / 新华书店
地　址 / 哈尔滨市南岗区林兴街3号　　　网　址 / http://www.bfwy.com

印　刷 / 固安县京平诚乾印刷有限公司　　开　本 / 889mm×1230mm　1/32
字　数 / 200千　　　　　　　　　　　　印　张 / 14.75
版　次 / 2019年9月第1版　　　　　　　印　次 / 2019年9月第1次

书　号 / ISBN 978-7-5317-4595-2　　　　定　价 / 68.00元

目录

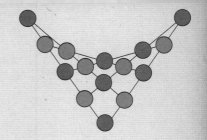

第2章　几何 ·········· 33

第3章 点和线

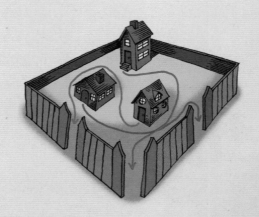

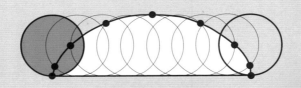

第6章 形状和多边形

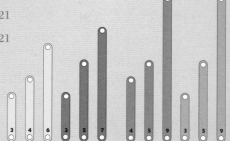

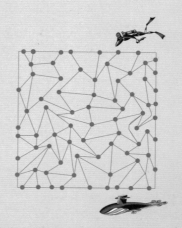

前言

　　我超爱游戏。这四十年来，我已收集、设计和发明了成千上万个游戏。而我对游戏如此痴迷，是由于在我看来，游戏可以改变人们的思考方式。游戏允许我们用全新的角度去看待这个世界。游戏给我们带来欢乐。

　　心理学家们早已探知，孩子们可以通过游玩的方式认知世界；而现在的成年人也能从游戏中获益。即便我们的身体在逐渐衰老，但大脑仍然在持续促进神经元生长并创造新的连接。科学研究发现，为了更多地刺激这种生长，你需要像锻炼肌肉一样锻炼大脑——不断地用新的、变化的方式完成挑战性任务。日本谜题大师芦原伸之曾说过："思考之于大脑的作用，就如同慢跑之于身体。我们练习越多，它的状态就越好。"

　　玩游戏着实是一项很重要的活动。若我们允许自己带着享受而不是完成任务的心态来面对世界、探知世界，再抽象再困难的概念我们也可以轻松理解和掌握。这样一来，解数学谜题就成为一种理想的锻炼大脑的方法，它可以激发思考、开发大脑，同时让我们获得乐趣。挑战越多，大脑得到的锻炼也越多。

　　因此，我设计了很多游戏性数学谜题，这些数学谜题涉及的知识领域比较广,且娱乐性与思考性二者兼备。部分谜题是完全原创,其他则是基于一些经典、现代的挑战性题目设计而成。由于这些谜题在传统意义上超越了普通的谜题和游戏,因此我给它们起了个新奇的名字:激发思考的玩意。每一道题目,无论是什么形式,都会将你的心理状态带入一种玩乐和解决问题互相融合的境地。这些题目会刺激你进行创意思维并推动大脑朝新的方向成长。我的目的,就是让你在玩游戏的过程中解决问题,逐渐成长为一个更加好奇、更有创造力、直觉更强的人。

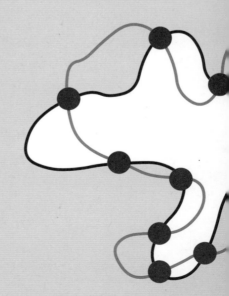

本书的使用方法

我最喜欢的谜题并不一定是难度最大的。有的时候一道非常容易解开的谜题也能带来足够的雅兴和强大的满足感。谜题能否解开，同你的思考方式、天赋能力以及智力水平有很大关系。

本书的谜题设计用意，在于引导你去产生不同层次的想法。每个章节都有一个训练核心——概率、模式等。按顺序攻破每一道题，你就能发现这个规律。

每一道题的难度按照1至10进行标记。你可以先把难度1—2的题目全部完成，然后尝试难度3—4的题目，这样解决问题的基本思路就建立起来了。或者你也可以跳着看，先把自己最感兴趣的题目拿下，等自己做好准备之后再挑战那些自己之前没把握或没信心的题目。

你只需明白一点：选择的自由权在你。不要忘了玩乐的初心，享受快乐吧！

伊凡·莫斯科维奇

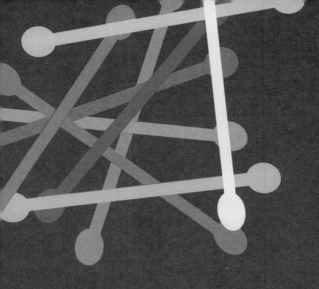

第 **1** 章

激发思考的玩意

　　本书实实在在为"思考"而生。在解谜题的过程中，理解能力的重要性绝不比视觉感知能力及数学计算能力的重要性低。本章节将介绍一些放飞想象力和提高创造力、洞察力和直觉力的数学谜题。思考能力是可以通过学习提升的，就像烹饪或者打高尔夫一样。即便只是花很少的精力去改进，也可以看到明显的效果。

七的二等分

你能证明12的一半是7吗？

7+7=12?

阿梅谜题

7幢房子，每一幢房子里有7只猫，每只猫能捉7只老鼠，每只老鼠能吃7根麦穗，每个麦穗能产出7个单位的面粉。

那么这些猫总共护住了多少单位的面粉？

框架互嵌

　　我在某个花园内见到了这个极简风格的超大户外雕塑作品。几个框架互相嵌套，A框架嵌入了C框架，而C框架又嵌入了B框架。而有意思的是，B框架竟然又嵌入了A框架里！

　　请说明这3个框架的相对尺寸。

活门

　　观察下图所绘制的活门图样。然后遮住图案，浏览一遍下方绘制的几张图。仅凭记忆找出跟上图一样的活门形状。

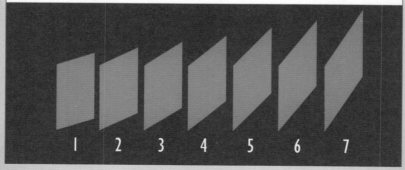

鸡还是蛋？

请回答这个源自创世之初的问题：先有鸡还是先有蛋？

玩具难题

每个玩具都有一个标价，下图中除了最后一行和最后一列缺失总价以外，其他所有玩具的总价已给出。请算出缺失的两个总价，并将每个玩具的单价算出来。

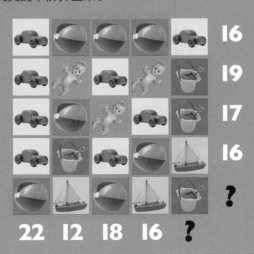

挑小棍

这道题类似小时候玩的那个游戏。

从一堆小棍中一次取出一根，每次取出的小棍，其上面不得压有其他小棍。需要按照什么样的颜色顺序才可以将这一堆小棍全部取完？

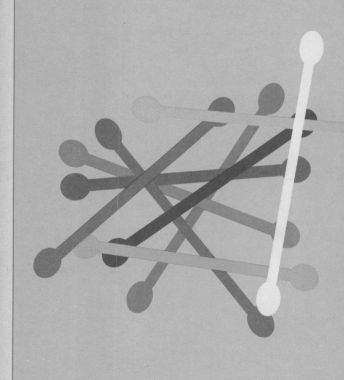

8

火柴正方形

　　右图是用24根火柴棍拼出的图形。请从右图中拿走8根火柴，让剩下的火柴拼出两个互不接触的正方形。

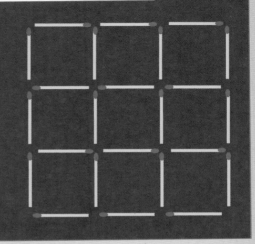

9

彩票开奖

　　彩票抽对了，就能拿走大奖。你可以从一盒10张彩票中抽1张刮开，或者从一盒100张彩票中抽10张刮开。这两种方法，哪一种中奖的概率更高？

10

難度值：●●●●●●●●○○○

完成：□ 时间：＿＿＿＿＿

15的计算

5个整数之和为15，而将这5个整数相乘，得到的数值是120。那么这5个整数分别是多少？

$$\blacksquare + \blacksquare + \blacksquare + \blacksquare + \blacksquare = 15$$

$$\blacksquare \quad \blacksquare \quad \blacksquare \quad \blacksquare \quad \blacksquare = 120$$

11

難度值：●●●●●●●●●○○

完成：□ 时间：＿＿＿＿＿

30的计算

5个10以下的整数之和为30，其中的两个数已知为1和8。如果将这5个整数相乘，得到的数值是2520。那么剩下的3个整数分别是多少？

$$\blacksquare + \blacksquare + \blacksquare + 1 + 8 = 30$$

$$\blacksquare \times \blacksquare \times \blacksquare \times 1 \times 8 = 2,520$$

12

不可能的积木桥

　　粗略一看，图中所示的结构貌似不可能搭得起来，因为在搭出顶部之前这些积木就会倾倒。但事实上只要方法对了，在现实中搭起这样一座桥还是很简单的。你能找出搭桥的方法吗？

13

摸黑找手套

　　抽屉里放有22只手套，5双红色的，4双黄色的和2双绿色的。假设屋里的灯坏了，只能摸黑取出手套，那么请问最少要取出多少只，才能确保有一双手套是颜色相同的？

方形互叠

请把右侧的6个方形放入左侧的大灰色正方形格子中，使得摆出的轮廓形成4种不同大小的18个正方形。白色的格线仅用以帮助你在摆放时对准。

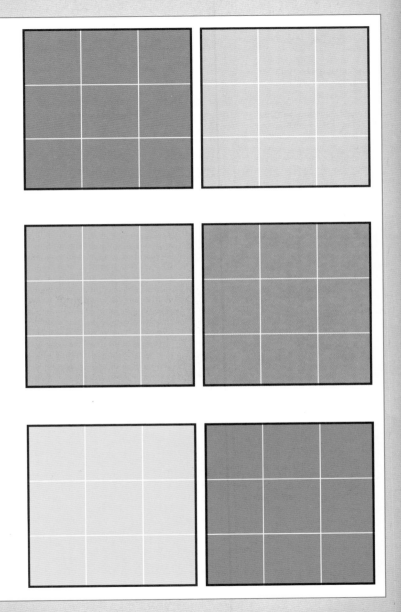

外星人绑架

4个飞碟飞到一个人的头顶上意图对其实施绑架，他们必须在这个人周围布下一个矩形的能量场才能捕获到他。每个飞碟随机射出一束激光，激光可能在人的左侧，也可能在右侧。那么在所有可能发射出的激光组合中，能正好形成一个矩形将人圈住的可能性有多大？（如图所示，每个飞碟射出的激光都在人的右侧，可以形成一个矩形包围住他。）

16

难度值：●●●●●○○○○○
完成：☐ 时间：_____

书虫

　　下图这摞书第一卷的第一页有只书虫，它从第一卷开始吃书，一直吃到第五卷的最后一页。若每本书厚度为6厘米（包括封面封底，封面封底各厚0.5厘米），那么到吃穿这一摞书的时候，书虫总共行进了多长的距离？

17

难度值：●●●●●●●○○○
完成：☐ 时间：_____

万圣节面具

　　你手里有5种颜色的颜料。如果需要把面具上的眼睛、鼻子和嘴都涂成不同的颜色，请问有多少种不同的涂法？

藏宝岛

海盗在一个岛上埋了宝藏。为了不让宝藏被其他人轻易找到，海盗把藏宝图上的文字做了手脚，有一句话是假的。你能解开谜题并找到正确的藏宝位置吗？

19

难度值：●●●●●●●●○○○
完成：□　时间：＿＿＿＿＿

三币齐飞

你同朋友讨论概率问题，他说："如果将3枚硬币进行抛掷，那么全部正面朝上或者全部背面朝上的概率是$\frac{1}{2}$，也就是50%。因为不管怎么抛硬币，总有两枚的方向是一致的，要么两个正面，要么两个背面。也就是说，由于第三枚硬币出现正面或背面的概率是相同的，所以3枚硬币的抛掷概率实际上是由最后一枚硬币的概率决定的。"

你的朋友说得对吗？如果不对，那么抛掷3枚硬币出现全部正面或者全部背面的概率是多少？

20

难度值：●●○○○○○○○○○
完成：□　时间：＿＿＿＿＿

杂乱的火柴

下图的火柴图案，只需要做一些旋转就可以拼出一个单词，试一下。

21

难度值：●●●●●●○○○○
完成：□　时间：_____

捆绑

　　如图所示，两名人质的手腕按这种方式绑在一起了。在不解结、不剪绳的情况下，如何将他们两人分开？

22

难度值：●●●●●●○○○○
完成：□　时间：_____

6和7

　　如何才能将3个6变成7呢？

23

斯芬克斯的谜题

你能解开古代文明留下来的著名谜题吗？

在希腊神话中，斯芬克斯是一只怪兽，长着女人的头，狮子的身体和鹰的翅膀。斯芬克斯守护着底比斯城的大门，想入城门的人必须接受一道谜题的挑战，这道谜题倒也简单：

"什么东西早上四条腿，中午两条腿，傍晚三条腿？"

斯芬克斯会杀掉那些解不开谜题的人，并且它也发誓说只要有人能解出此题，它就自灭。所以当俄狄浦斯给出答案时，斯芬克斯只好遵守了自己的承诺。你能答出来吗？

24

置剑入箱

某士兵需要将自己那把70厘米长的宝剑存放起来，但身边只能找到一个长40厘米、宽30厘米、高50厘米的箱子。这把剑能装进去吗？

25

难度值：●●●●●●●●●●●
完成：□ 时间：＿＿＿＿＿

奇怪的交叉

下图中红色的闭环线和黑色的闭环线有10个交叉点。那么请在下图中重新绘制红色闭环线，让其在相同的黑色闭环线中有9个交叉点。

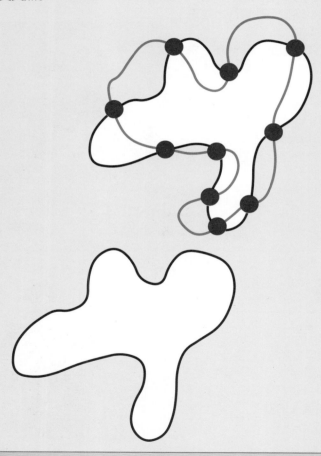

瓢虫集合

瓢虫先生和瓢虫女士在一朵花的花瓣上相遇了。

"我是男生。"带红点的瓢虫说。"我是女生。"带黄点的瓢虫说。

说完它俩相视一笑，因为至少有一只虫子说了假话。从以上信息推断，请问瓢虫先生和瓢虫女士到底哪个带红点，哪个带黄点？

重叠的毯子

一块边长为2米的毯子叠在一块边长为1米的毯子上面。大毯子的一角正好位于小毯子的中心点。那么小毯子被遮住的部分是小毯子总面积的百分之多少呢？（毯子的边穗忽略不计。）

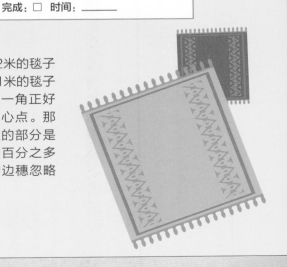

握手（一）

某商务会议上，每个人都要同其他所有人握一次手。如果握手的总次数为15次，请问参加会议的有多少人？

握手（二）

圆桌边坐了6个人，如果6个人同时握手且不出现交叉的情况，可能的组合有多少种？

30

难度值：●●●●●●●○○○
完成：□ 时间：_____

电话号码

酒吧里，一位男士和一位女士碰面。他们聊了很久，最后在分别的时候约定，如果男士能想起来给女士打电话约她，他们可以在第二天晚上一起用餐。第二天早晨起来，男士发现他只能记住女士的电话号码的所有数字——2，3，4，5，6，7和8，但是顺序却忘了。

如果男士决定对数字进行随机排列，那么排到女士的号码的概率有多大？

31

难度值：●●●●●●●●○○
完成：□ 时间：_____

缺失的碎片

观察下图，找出逻辑规律，将缺失的方块补充完整。

32

难度值：●●●○○○○○○○
完成：□ 时间：_____

最后的人

假如你是一名科幻杂志编辑，有一天看到一个科幻故事的开头是这么写的：The last man on earth sat alone in his room. Suddenly there was a knock at the door!（地球上最后一个人孤独地坐在房间里。突然有人敲门！）

请把第一句话改掉一个词，使得这个人在敲门发生前的孤独感更加强烈。

33

难度值：●●●●●●●○○○
完成：□ 时间：_____

水果篮

市场上有三种水果篮，标价都是正确的。假如你只想买一根香蕉、一个橙子和一个苹果，那么总价应该是多少？

$1.45 $1.30 $1.30

34

難度值：●●●●●●●○○○
完成：□ 时间：_____

无断层方块

下图是用长宽比为2:1的砖块搭成的正方形，但这个正方形出现了"断层线"——从一侧可以直接贯穿至另一侧的直线。为了使砖结构更稳固，请将这些砖块重新排列，消灭断层线。

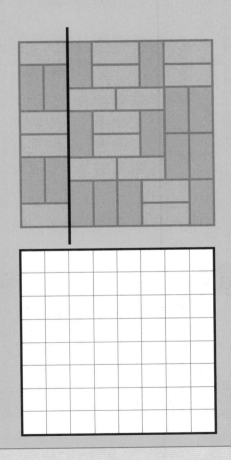

35

难度值：●●●●●●○○○○
完成：□　时间：_____

酒店的钥匙

客房服务员带着8名客人来到酒店的房间，房间的编号为1至8。但悲摧的是，这些房间的钥匙上没有做任何标记，而且顺序也打乱了。如果采取试错法，客房服务员最多需要尝试几次才能把8个房间全部打开？

36

难度值：●●●●●●○○○○
完成：□　时间：_____

2的网络

使用3个2，不借助其他符号的帮助，能写出多少个数字？

37

时装秀

　　粉女士、绿女士和蓝女士是三名模特，正在T台上展示时装。她们穿的裙子分别是粉色、绿色和蓝色。

　　蓝女士说："有点奇怪。我们几个的名字叫粉、绿和蓝，而我们穿的裙子也是粉色、绿色和蓝色，但我们几个穿的裙子颜色跟名字都不一致。"

　　"是个巧合。"穿绿裙子的女士说。

　　根据以上信息，请判断三位女士各穿什么颜色的裙子。

38

小猪存钱罐

　　三枚5分钱硬币和三枚1角钱硬币分别放在三个小猪存钱罐里，每个存钱罐里放两个硬币。虽然每个存钱罐上都贴了标签显示里面装的钱的总数，但是三个存钱罐的标签都是错的。假如只允许选择一个存钱罐，通过摇晃的方式摇出一个硬币，你可以借此将所有错误的标签贴到正确的存钱罐上吗？

彩色方牌

下面的四张彩色方牌，哪一张是无法在下图的彩色格子里找到相同图案的？

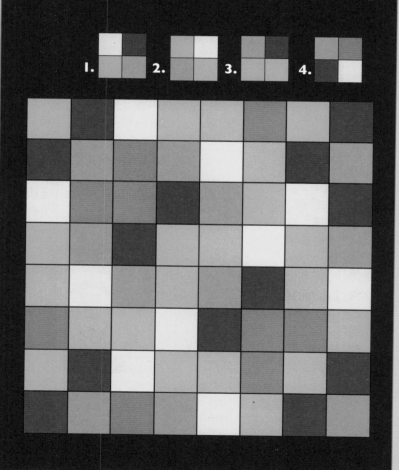

40

金字塔雕塑

如图所示，四块船帆固定在一个由线构成的三维雕塑上。如果从顶端往下看，你能看到什么样的图案？

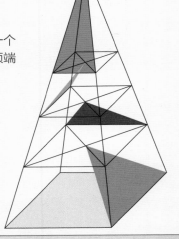

41

星条

一张透明的纸上有三个完全相同的色条，请以此画出一个完美的星形。

42

难度值：●●●●●○○○○○
完成：□ 时间：_____

金条

这块金条的长度正好是31厘米。需要将此金条分割成数块，使得这些小金块的长度值可以组合出1至31之间所有的整数。要实现这个目的，你需要切几次？

43

难度值：●●●●●○○○○○
完成：□ 时间：_____

火柴三角

下图为等边三角形，请移动其中4根火柴，使其变为2个小的等边三角形。然后在此基础上再移动4根火柴，使其变为更小的4个等边三角形。

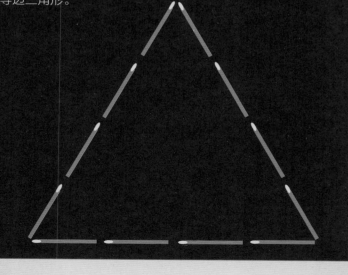

44

难度值：●●●●●●●●○○
完成：□ 时间：_____

马的进击

图中国际象棋的棋盘上放置了20个马，每个马当前仅能吃掉另外一个马。（根据规则，马的走法是"L"形，即往前或向后2步加平移1步，或者是平移2步再往前或向后1步。）在当前的棋盘上，是否还能继续按照"只吃一子"这个规则放马上去呢？

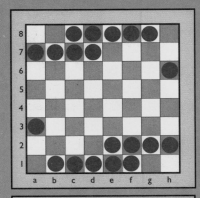

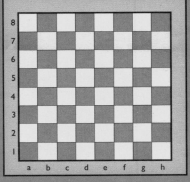

45

难度值：●●●●●●●●○○
完成：☐ 时间：_____

混编帽子

三名男子在进剧院的时候寄存了帽子，但是服务员在发放寄存凭条的时候把三张凭条混在一起交给了三名男子。那么当三人回来拿帽子的时候，他们拿对帽子的概率是多少？

46

难度值：●●●●●●●●○○
完成：☐ 时间：_____

因数

老师在黑板上演示了数字6的4个因数——也就是说，用6作为被除数可以进行整除的整数。（提示：每个数字本身就是自己的因数，比如1。）在1至100之间，有5个数字都有12个因数。请用最快速度将这5个数字找出来。

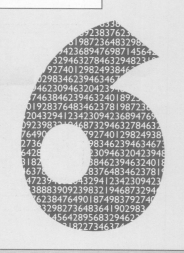

47

難度值:●●●●●●○○○○
完成:□ 時間:_____

项链配对

请将这些珠子穿到项链上,使得左侧每一组两个珠子的配色顺序,在项链上只出现一次(包括顺时针方向和逆时针方向)。

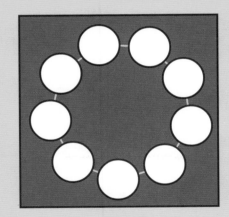

交叉正方形

　　不用笔，请在五个方形组成的黄线上找出一条通道把黄线走完，要求这条通道不可重复，不可交叉。

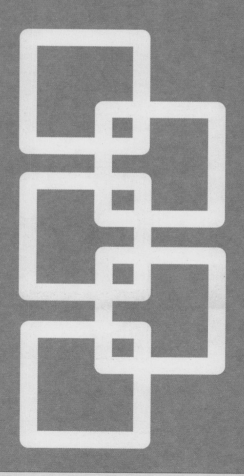

第 2 章

几何

　　几何学可以锻炼大脑对大小、形状、空间位置的思考能力。本章中，通过解决对称性问题，你可以了解几何这一古代数学形式的建构过程。分析对称性问题，需要将图形在不改变形状的情况下进行对称轴反射或旋转，并进行形状的空间变换。

49

难度值：●●●●●●●○○○
完成：□ 时间：_____

阴影花园

    一个十二边形的花园有12面墙，花园中心的一座台灯发出的光照在所有的墙面上。请对花园进行重新设计，使得中心的台灯发出的光无法照射到所有的墙，即至少一面墙或者全部墙都在阴影中。墙必须平直，依然为12面，但各面墙的长度无须一致。

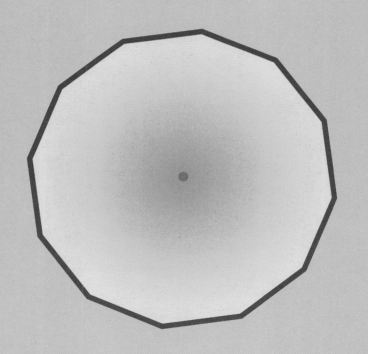

50

出租车路线

　　假设你是一名在拥堵的大城市开出租车的司机。有一天接到任务，需要按顺序前往三个地点并最后返回车库。地图上标1的地点为车库，2、3和4是需要前往的目标地点。请找出完成此任务最短的路线。完成后，继续思考有无其他替代路线。

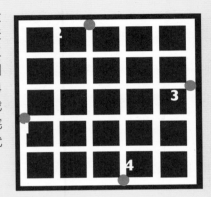

51

平面国的阶级

　　在小说《平面国》中，埃德温·艾伯特描述了一个由几何形状组成的、阶级制度森严的社会。尖锐的直线代表女性，士兵和工人设定为等腰三角形，而中层阶级则是等边三角形，专业人员为五边形，富人为六边形，而统治阶层——大主教——为圆形。

　　当然了，既然女性只是一维的线条，而直线从某些特定方向上是看不见的，还存在撞上她们的潜在危险。那么在《平面国》的世界中，人们是如何解决这个问题的呢？

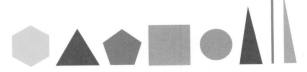

蓝图变立体

请在下面每一组图中，找出每张蓝图折叠之后的正确立体形状。

多角度视图

　　如果乘飞机越过一座城市，那么从天空俯视角度观察地面的建筑物与站在建筑物面前平视观察到的样子是完全不同的，但建筑物本身是客观不变的。建筑师们在设计建筑方案的时候也沿用了这个概念，一种叫平面图，也就是建筑物在地面的建筑规划；第二种叫前视图，也就是根据建筑平面图建造起来的建筑物从其面前平视所呈现的样子；还有第三种建筑示意图叫作透视图，结合了两种视角的图示，表现出该建筑物更真实的样子。

　　本题也基于这个概念而来。下面有16个物体，如果只从前方观察，那么只能取得4种不同的视图。而从上方俯视，也能取得4种不同的视图。但即便是前视图相同的两个物体，其俯视图也是不一样的。

　　请在下方提供的表格中，将前视图和俯视图所对应的每一个物体搭配出来。

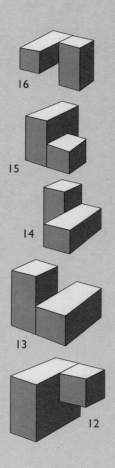

16

15

14

13

12

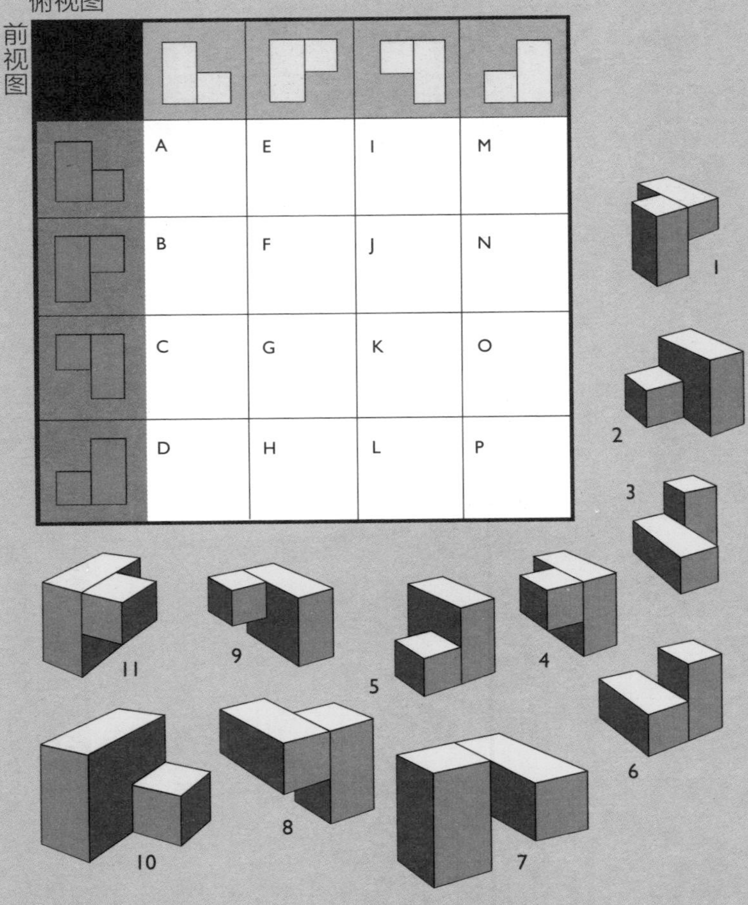
俯视图
前视图
A
E
I
M
B
F
J
N
C
G
K
O
D
H
L
P
1
2
3
4
5
6
7
8
9
10
11

对称地板

整块地板使用完全相同的瓷砖铺成，每一块瓷砖都以对角线分成红色和黄色两部分。如果要求整块地板都以红色轴线对称，请将剩余的位置用瓷砖填满，看看最后地板是什么图样。

55

难度值：●●●●●●●●●●

完成：□ 时间：_____

反色对称

每一排的每块瓷砖的颜色图案，都是其左边的瓷砖反色对称的结果。请找出没有遵循这个规律的瓷砖。

56

难度值：●●●●●●●●●●

完成：□ 时间：_____

字母（一）

这些红色的字母有什么共同点？蓝色的字母有什么共同点？

字母（二）

红色的字母和蓝色的字母有什么区别？

HF O JI GXL

标牌之谜

请将下图中隐含的信息解析出来。如果有困难，可以找一面小镜子帮忙。

59

难度值：●●●●●○○○○○
完成：□ 时间：_____

对称轴

我们可以通过折叠纸张或使用平面镜来得到轴对称图形。在轴对称图形中，对称轴两侧相对的点到对称轴两侧的距离相等。请将下方的13个图形的对称轴绘出。是否有图形不存在对称轴？哪个图形的对称轴最多？

字母对称

以下为26个英文字母的大写，请绘出它们的对称轴。如果有的字母是基于旋转轴心对称，则绘出这个旋转轴心。无法对称的字母可以不画。

 A B C D
E F G H
I J K L
M N O
P Q R S
T U V W
X Y Z

61

難度值：●●●●●○○○○○
完成：□ 時間：_____

字母（三）

蓝色的字母和红色的字母有什么区别？

N P S R Z Q

62

难度值：●●●●●●●●○○○
完成：□ 时间：_____

立方体对称

比起二维图形，三维的立方体具有更多旋转对称轴心。请全部找出来。

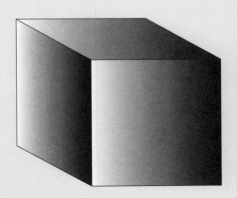

63

难度值： ●●●●●●●●●●●

完成： □ **时间：** _____

方块对称

右侧的两张图都是对称的，只是部分方块被抹掉了。

在上方的图中，仔细观察黑色方块与红色直线（即对称轴）的关系，然后将剩下的图案涂完。

在下方的图中，仔细观察蓝色方块与两条红色直线（即横向和纵向对称轴）的关系，然后将剩下的图案涂完。

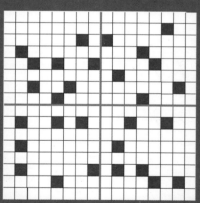

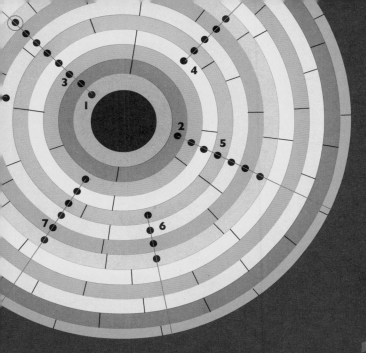

第 **3** 章

点和线

　　点，并不仅仅是一些标记而已——点是定义位置的抽象符号。而线也不仅是绘制图画的基本要素，同时也是连接点、指示距离和方向、定义空间的数学符号。本章将使用全新的方式改变你对点和线的认知，以及重新定义点和线之间的关系。

64

难度值：●●●●●○○○○○
完成：□ 时间：_____

六线难题

右图中的6条直线构成了8个大小不一的三角形。你能否想出一个办法，还是用6条直线构成8个三角形，但只能有2种不同的三角形？

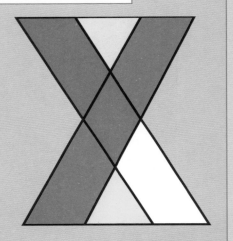

65

难度值：●●●●○○○○○○
完成：□ 时间：_____

直线与三角形

3条直线可以构成一个三角形，4条直线可以构成4个三角形。请在右图所示的图形基础上新增两条直线，构成10个三角形。

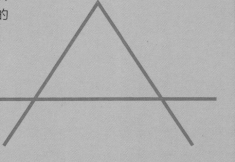

66

藤村幸三郎的三角形问题（一）

绘制6条首尾相接的直线，可以构成多少个互不重叠的三角形？你是否可以画出一个图形，让它比下图构成的三角形更多？

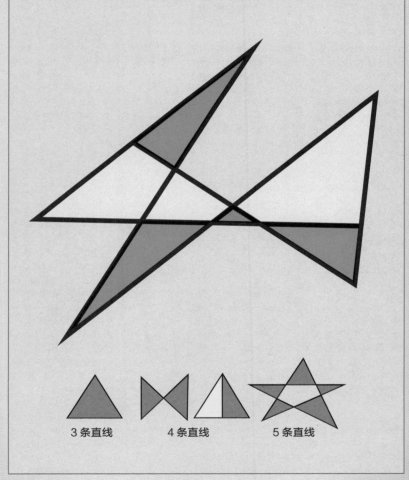

3条直线   4条直线   5条直线

帕普斯定理

在任意的两条直线上，各自随机选择三个点，用直线把这六个点连起来，这六个点的三个交点用蓝色标记。

很有意思，这三个交点都在同一条直线上，这种情况是否对任意直线和点都成立呢？

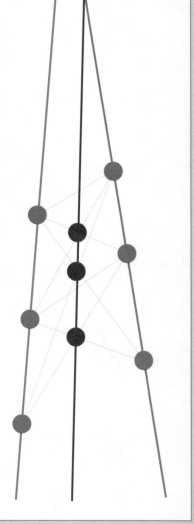

—— 任意直线

● 随机点

● 产生的交点

—— 产生的直线

68

难度值：●●●●●●○○○○○
完成：□ 时间：＿＿＿＿＿

神秘转盘

转盘上固定了一些彩色线条，当转盘旋转时，这些彩色线条就会在转盘上呈现出漂亮的新图案。请看右图四种线条组合，你能想象出在转盘旋转时会产生什么样的图案吗？

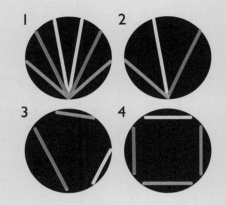

69

难度值：●●●●●●○○○○○
完成：□ 时间：＿＿＿＿＿

切奶酪

只切三刀，将这个圆形奶酪切成完全一样的八块。

70

难度值：●●●●●●○○○○
完成：□ 时间：＿＿＿＿

藤村幸三郎的三角形问题（二）

7条直线可以构成多少个互不重叠的三角形？
图右所示的方法构成了6个三角形，你
还能用其他画法，让其构成更
多的三角形吗？

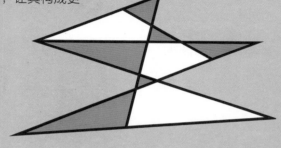

71

难度值：●●●●●●●○○○
完成：□ 时间：＿＿＿＿

藤村幸三郎的三角形问题（三）

8条直线可以构成多少个互不重叠
的三角形？图右所示的方法构
成了6个三角形，你还能
用其他画法，让其构成更
多的三角形吗？

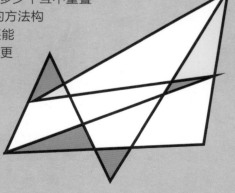

凸多边形vs简单多边形

凸多边形，指的是一种多边形，其内部任意两个点的连线全部在多边形内部或边上。简单多边形，指的是构成多边形的线、边互不交叉的多边形。根据以上的定义，请在下图中找出哪些是凸多边形。

以下的直线或多边形有一个与其他图形都不一样，请找出这个图形。

超级切分（一）

　　以下图所示，直线切4刀可以将蛋糕分成10块。请将其中一刀进行调整，使得蛋糕可以分成11块。

　　请找出某个规律，在单一平面上，如果给出直线数量，那么能切分出的最大蛋糕块数的公式应如何表达。

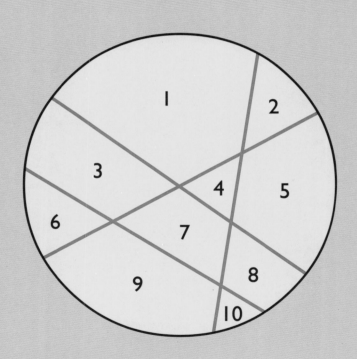

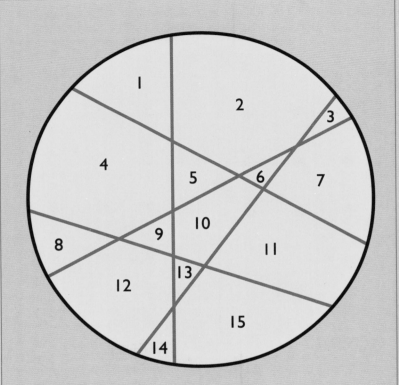

超级切分（二）

蛋糕按上图所示直线切5刀，可以分成15块。如果还是切5刀，如何将蛋糕分成16块？

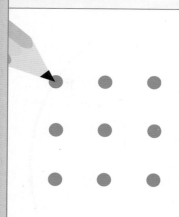

9点难题

　　请一笔绘出4条直线，将9个点全部连起来（一笔画完的意思，就是中间不停笔，4条直线首尾相接）。

　　如果只能绘3条直线，能否将这9个点连起来？

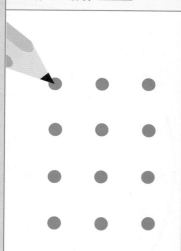

12点难题

　　请绘制若干条直线将上图12个点一笔连起来。请思考，最少需要绘制多少条直线才能满足要求？

77

难度值：●●●●●●○○○○
完成：□ 时间：_____

纵横盒子

一个10×14的盒子被分成140个1×1的小格子。一束激光从盒子的左上角射向右下角。

要求不可以直接在图上数，你有其他办法计算出这束激光穿过了多少个小格子吗？

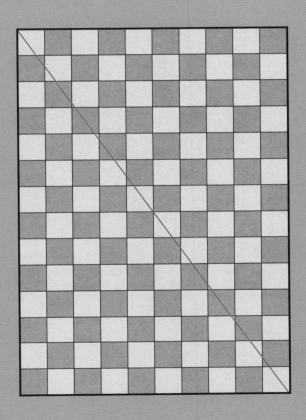

地上的瓢虫

你需要在图中所示的圆形上绘制4条直线，将11只瓢虫全部隔开（每一只瓢虫都在一个封闭空间中）。

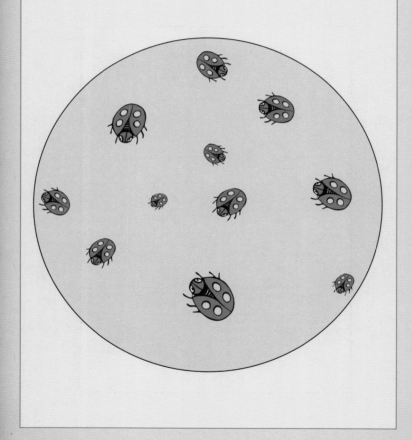

79

拴住的狗

小狗福多被一根3米长的绳子拴在树上，福多的饭盆在离它4.5米远的地方，它想吃饭盆里的食物，然后就一路小跑过去开餐了。

这段话里并没有什么文字游戏，绳子没有断，树也没有弯，这类的情形都不存在。那么福多是怎么做到的呢？

80

等距的树

图中所示的三棵树是等距的——也就是说，每棵树同另外两棵树的距离都相等。这种等距，最多可以用几棵树做到？

像素工艺

观察下方的两个网格图案。请想象，如果将两幅画重合起来，能得到什么样的图案？

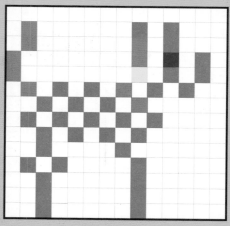

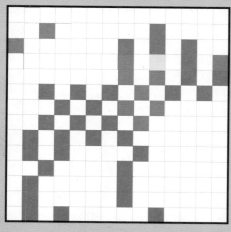

82

最长的线

如图所示，请在下面两个相交的圆形上画一条线段，使它穿过相交的圆形上的两个点，并且这条直线通过点A。请问要如何做才能使这条线段最长？（图中点A和点D是两个圆形的交点。）

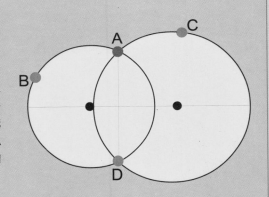

83

隐藏的蛇

此处有9条蛇，3条红色，3条绿色，3条蓝色——它们在一块岩石底下盘成闭合的圈形。这些蛇互相不接触，盘成的圈形也互不相交。

其中有8条蛇的部分身体露在岩石外。请根据右侧的图，找出完全隐藏在岩石下的蛇是什么颜色的。

84

难度值：●●●●○○○○○○

完成：□ 时间：＿＿＿＿＿＿

六棵树的种法

在花园的六条直线小径上种五棵树——两条小径上种三棵树，四条小径上种两棵树。请将花园重新设计，要求在四条直线小径上种六棵树，使得每条小径上都有三棵树。

85

难度值：●●●●●●●○○○

完成：☐ 时间：＿＿＿＿＿

两种距离点组合

　　平面上的若干个点，相互之间有无数种距离取值。但是仅有几组点，其互相之间的距离仅有一种或两种取值。比方说任意两个点之间的距离，只有一种。任意等边三角形的三个顶点，其互相之间的距离也只有一种取值，这两组点是仅有的两组单距离点组合。

　　而等腰三角形则是一组两种距离点组合的例子。那么在平面上，你还可以找出哪些两种距离点组合？

 一种距离点组合　　　　 两种距离点组合

86

难度值：●●●●●●●●○○

完成：☐ 时间：＿＿＿＿＿

三种距离点组合

　　下图所示的四个点由六条直线相连，每条直线的长度值都不一样，而这就是一组六种距离点组合。

　　请绘出一组四个点的组合，要求只有三种不同的距离值——三个一单位距离，两个两单位距离，一个三单位距离。满足这种要求的三种距离点组合你可以找到多少种？

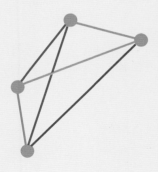

连排玫瑰

如下图所示，玫瑰先生想在花园里种16株玫瑰。一开始他想种4排玫瑰，每排4株，那么把这4排玫瑰连线，总共就会有10条直线——4条横向的，4条纵向的，还有2条对角线的。每条直线上都有4株玫瑰。

之后，玫瑰先生想出了更好的办法：将16株玫瑰种在15条直线上，每条直线上有4株玫瑰。要怎样做才能实现这种要求呢？

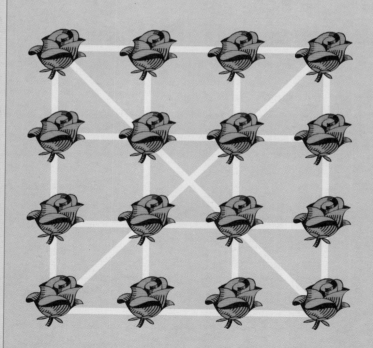

88

杯中樱桃

移动2根火柴，把杯子里的樱桃弄到杯子外面（杯子必须保持其原有的形状）。

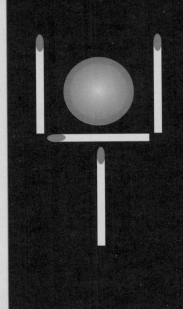

89

火柴鱼

移动3根火柴，将鱼的头部转一个方向。

火柴构型

本谜题源自一个传统的单人游戏。在一个平面上，使用指定数量的火柴棍，你能组合出多少种不同的图形？以下是一些限制要求：

1、图形的边由单一根火柴构成，且两根火柴只能头尾接触。

2、火柴只允许在平面上平放，但如果在不破坏原有连接点的情况下，某个图形通过三维旋转变形（就像是将图形拿起来转动）变成另一个图形的话，那么认定这两个图形相同，不算为两种图形。

下图分别为使用1根、2根、3根火柴组成的、满足要求的全部图形。那么使用4根或5根火柴，你能组成多少种满足要求的图形？

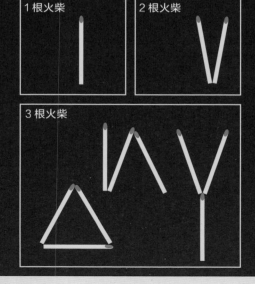

91

难度值：●●●●●●●●●●
完成：□ 时间：_____

火柴交汇

如下图所示，三根火柴在同一点交汇。请使用若干火柴创造一个图形，使得每根火柴的头尾两端与另外两根火柴相连，但只有两根火柴按照图示方式排列。请注意，火柴与火柴之间的接触点只能是头尾两端，并且互相之间不可重叠。按照以上要求，要摆出所需形状，最少需要多少根火柴？

92

难度值：●●●●●●●○○○
完成：□ 时间：_____

匕首互触

这八把匕首要如何摆放，才能使每一把匕首都至少同其他五把匕首接触？

瓦特连动装置

观察图中所示的机械连接装置。两根机械臂的一端固定在底座上，但另一端可自由移动。两根蓝色的机械臂之间有一根红色的连接臂，将蓝色机械臂连在一起并驱动机械臂运动。通过以上信息，请将红色连接臂上的白色点在一个完整的运动周期内的运动轨迹画出来。

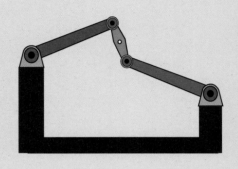

摆动的三角形

在这个机械连动装置中，绿色机械臂固定在蓝色的底座上，虽然两根机械臂连同红色的三角都互相连在了一起，但依然可以前后摆动。请将白色点在连动装置完成一个完整摆动周期的运动轨迹画出来。

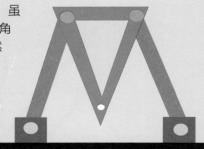

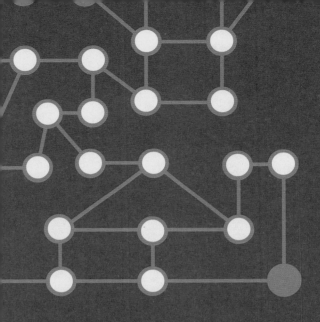

第 **4** 章

图像和网络分布

　　图像和网络都是二维空间内各个散点、顶点、节点通过直线、边线互相连接而成的系统。本章中，你需要在大量的图像和网络分布中找到正确的路线和回路。很多难题都要通过试错法来解决，因此这些难题极具挑战性，而解题之后也会给你带来强烈的满足感。

聪明的瓢虫

　　图中，位于下方的瓢虫想跟位于上方的瓢虫朋友相见，一路上它需要通过一片彩色的花地。花的颜色不同，所指引的方向也不一样——上下左右均有可能。而黑色的方格代表陷阱，不可踏入。

　　请找出每一种颜色的花所代表的方向，并画出瓢虫要穿越花地所必经的路线。

96

难度值：●●●●●●●●●●●●

完成：□ 时间：＿＿＿＿＿＿

神秘痕迹

这片沙地上的痕迹究竟是什么东西留下的？

97

难度值：●●●●●●●●●●●●

完成：□ 时间：＿＿＿＿＿＿

四点绘图

将图上的几个点或全部点用直线相连接的画法有很多种，请全部找出来（通过旋转或对称得到的相同画法不重复计算）。

98

难度值：●●●●●●○○○○○
完成：□ 时间：＿＿＿＿＿

欧拉难题

　　请在不重复的前提下，一笔画出白色线条所绘出的图形。线与线之间只能在红点处相交。

　　下图中的11个图形都能一笔完成吗？如果不能，你觉得哪一个是绝对画不出来的？

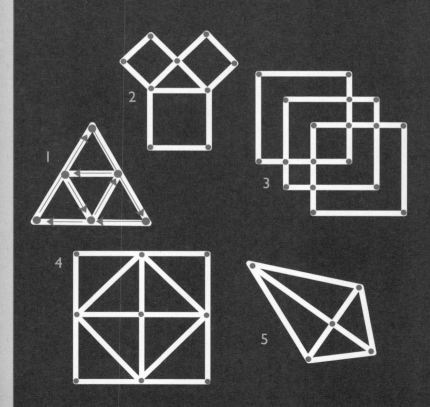

哈密顿回路

所谓的哈密顿回路，就是在每个点仅经过一次的情况下，用连续的线条画出图形。请将下面由11个点组成的哈密顿回路画出来。

不同的通路

本谜题只有一个规则：必须跟着箭头方向走。那么根据规则，从"进"到"出"共有多少条可行的通路？

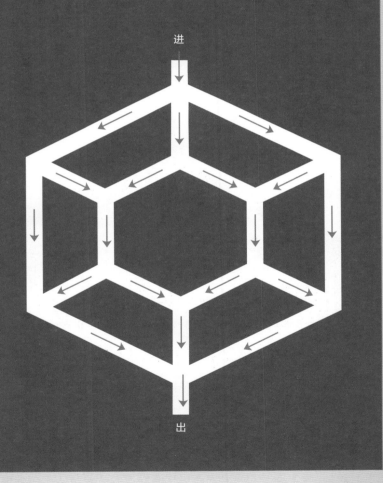

三个邻居

　　三户人家住在一个带围栏的院子里。每户人家所住的房子刷的颜色都不一样，围栏上也都按照其房子的颜色开了私用大门。理想情况下，在每户人家和其对应的大门之间会修一条通道，而且通道之间并不互相重叠、交叉。但就图中所示而言，有一个问题：红色和绿色的通道有交点。

　　请将满足要求的完美路径绘出，让邻居们各自满意。

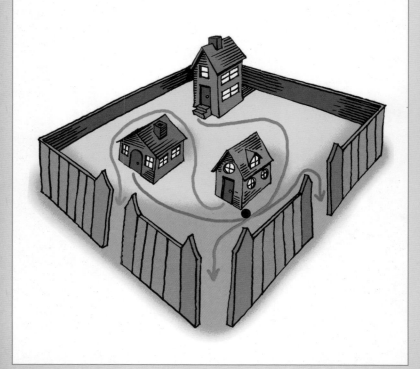

102

穿越星形

你能一笔将下图构成四个星形的黄色框线走完吗？路线可以相交但不得重复，红点也可以多次穿过。

103

行进的虫子

下图是一个2厘米×2厘米×3厘米的盒子，有一只虫子在上面爬行，但它只能沿盒子边线行进。在不重复的情况下，请找出虫子最长的行进路线。

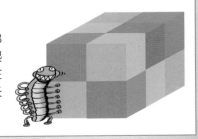

火星谜题

　　火星的表面零散设置了二十个科研前哨站，每个前哨站用一个英文字母代表，且每个前哨站都通过水道同另外至少两个前哨站相连。从前哨站T开始沿着水道的路线行进，每个前哨站只允许经过一次，请将所有前哨站串起来，组成一个英文句子。

　　你有办法解决吗？

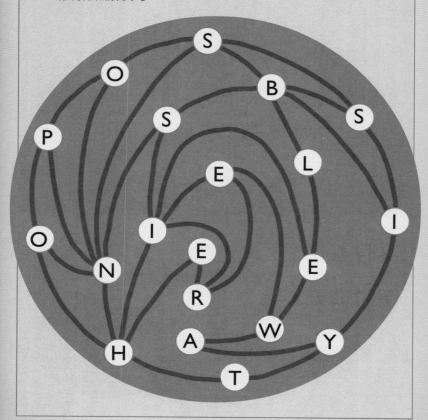

四个学校

来自四个不同家庭的四个孩子分别在四个不同的学校就读。四个学校分别是四种颜色，且发放的笔记本正好是其本校的颜色。请将四名学生与其对应的学校相连，要求连线之间不得交叉。

实用难题（一）

本谜题的任务目标是将所有的动物与其颜色不同的其他动物相连，颜色相同的动物之间不能相连。举个例子，红色的鱼可以跟绿色的鱼及黄色的海螺相连，但是不能同红色的蛤蜊相连。请将满足要求的所有连线画出来。

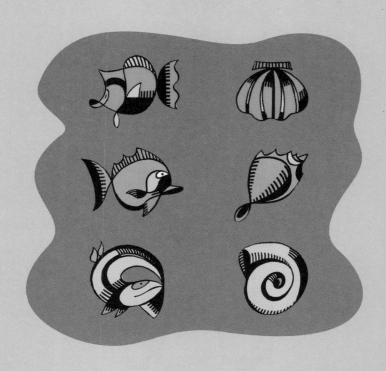

难度值：●●●●●●●○○

完成：□ 时间：＿＿＿＿＿

实用难题（二）

请将所有的动物跟其颜色不同的其他动物相连，颜色相同的动物之间不能相连。请将满足要求的所有连线画出来。在连线各不交叉的情况下，你能画出多少条连线？

108

难度值：●●●●●●●●○○
完成：□ 时间：_____

实用难题（三）

请将所有的动物跟其颜色不同的其他动物相连，颜色相同的动物之间不能相连。请将满足要求的所有连线画出来。在连线各不交叉的情况下，你能画出多少条连线？

109

难度值：●●●●○○○○○○
完成：□ 时间：_____

丢失的箭头（一）

如右图所示，方格中有两个箭头丢失了，请将这两个格子的箭头填入，使得所有的方格组成一个一致的图形。

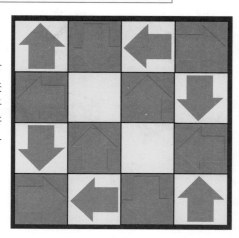

110

難度值：●●●●●●●○○○
完成：□ 时间：_____

偶数之路

这是一道关于行进路线的题目，比较简单。解题要求：从标为"开始"走到"结束"的行进路线必须穿过偶数个黄圈。那么，最短的路线应该怎样画呢？

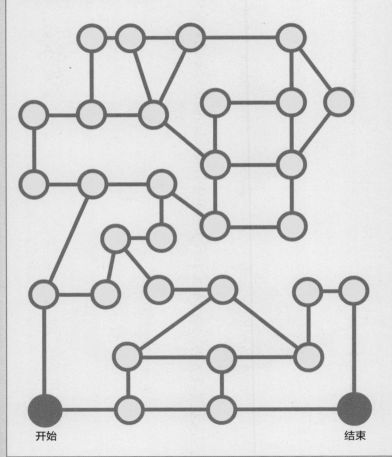

开始

结束

点亮台灯

　　下图中，三个台灯和三节电池的中间留出了一块三角形的空位置，这个空位置需要放入一块三角形电路板。

　　仅通过观察和想象，请找出下面哪一块电路板在放入空位置之后，能使得每一个台灯都能被一节电池通电点亮？

112

难度值: ●●●●●●●○○○
完成: ☐ 时间: _____

电路图（一）

电路图就是在平面上展示的电路图像——电路的连接表示本次通电的操作方法，而电线则用于传输电力信号。如果电线交叉，则会造成短路而引发设备故障。

请将下面电路板上的五对颜色电路进行连接，电线之间不得交叉。所有的连线都不得超出白色电路板的范围之外。

113

难度值: ●●●●●●●●●○
完成: ☐ 时间: _____

电路图（二）

请用五条线将下图中五对颜色的电路进行连接。所有的连线必须设置在白色格线上，且不得相互交叉。

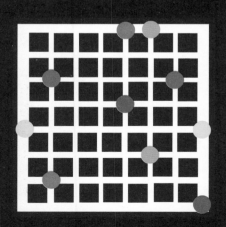

114

難度值：●●●●●●●○○○
完成：□ 时间：＿＿＿

电路图（三）

请用八条线将下图中八对颜色的电路进行连接。所有的连线必须设置在白色格线上，且不得相互交叉。

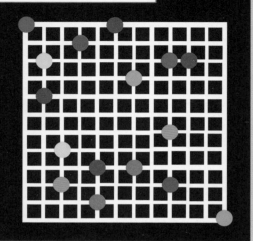

115

难度值：●●●●●●●●●○
完成：□ 时间：＿＿＿

箭头骰子

如果把六个箭头画在一个骰子的六个面上，那么共有多少种不同的画法？

116

难度值：●●●●●●●●○○
完成：□ 时间：＿＿＿＿＿

最少交点

下图中，7个红色的点通过21条线全部连在了一起，这21条线分别都有数字标记，总共形成了10个交点，请对21条连线进行调整，让交点越少越好。

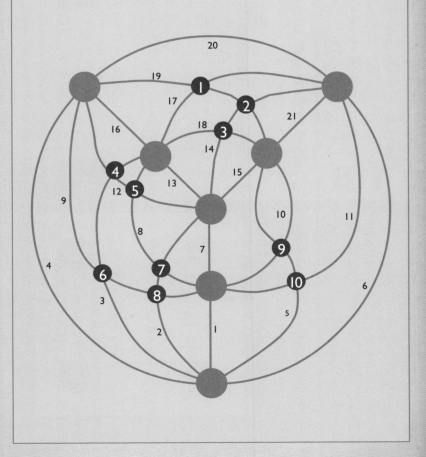

117

难度值：●●●●●○○○○○
完成：□ 时间：＿＿＿＿＿

五个箭头

重新摆放下图的四个箭头，使其变成五个箭头。

118

难度值：●●●●●●●○○○
完成：□ 时间：＿＿＿＿＿

四点树形图

所谓树形图，就是将图上的点用线连接，但不可出现闭环。根据这个要求，用这四个点画出的树形图可以有多少种？

119

难度值：●●●●●○○○○○
完成：□ 时间：＿＿＿＿

树形连锁

桌上放了19颗珠子，请用线画出此图的树形图。

那么这19颗珠子（即19个点）之间的连线数量最少需要多少条？请注意，既然这是一个完整的图，那么每个点都必须能通过一条或若干条线连接到其他所有点上。另外既然是树形图，就不可以出现闭环线。请问，对于若干个点所需要的最少连线数量，是否存在一个规律？

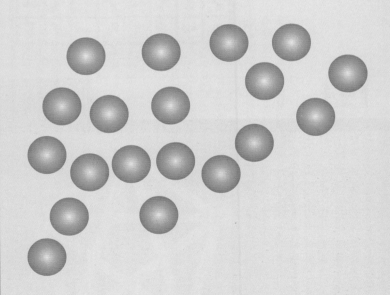

难度值：●●●●●●○○○○○
完成：□ 时间：_____

丢失的
箭头（二）

如图，请将丢失的五个箭头方向标出。

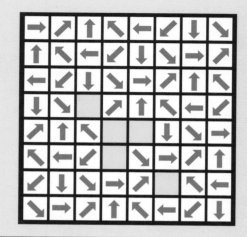

难度值：●●●●○○○○○○○
完成：□ 时间：_____

五边形连线

图中有五个用数字标记的点，任意两点之间的流动都是单向的，已用箭头标识出。根据此项规则，请找出一条通路将五个点全部连起来。

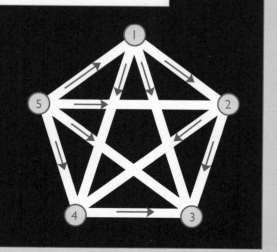

曲线和圆

　　曲线，即一条持续弯曲却不形成夹角的线。有的曲线是开放式的，即线的两端不相交。有的曲线两端在某个位置相连，形成一段封闭曲线，比如圆形和椭圆形。本章中的谜题就是探索这些有趣的形状在各种形态下的属性，及其在三维世界中的表现形式——球体。

122

难度值: ●●●●●○○○○○○
完成: □ **时间:** _____

追逐问题

图中，马沿直线奔跑，同时有个人朝马的方向奔跑。请将这个朝马奔跑人的奔跑路径画出来。

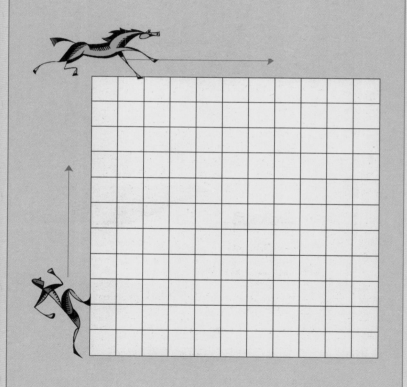

123

难度值：●●●●○○○○○○

完成：□ 时间：_____

为什么是圆形？

井盖为什么要做成圆形的？请为"圆形是最合适做井盖的形状"这一论点找出三个论据。其中，"因为井口是圆的"这种答案不算！

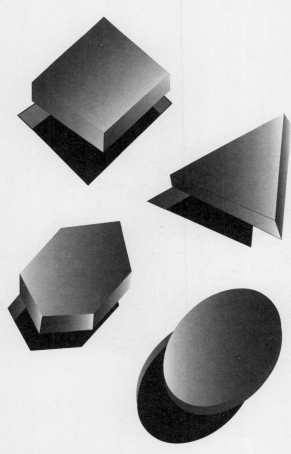

滚动的石头

在从前，人们使用圆木作为滚轴来搬运重物。下图中的两根圆木是完全相同的，周长均为1米。当圆木完整旋转一周时，其上的重物前行的距离是多少？

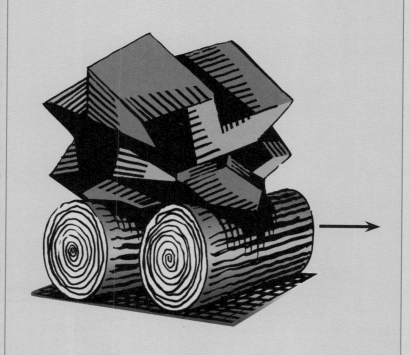

125

难度值：●●●●●●●○○○
完成：□ 时间：＿＿＿＿＿

希波克拉底的月形

　　古希腊希俄斯岛的几何学家希波克拉底在化圆为方时发现了这个问题。他在直角三角形的两条边上画了两个相连的新月形（如图所示）。请计算出图中呈红橙色的月牙总面积。

126

难度值：●●●●●●●○○○
完成：□ 时间：＿＿＿＿＿

方中带圆

　　右侧的图形中，是黑色区域的总面积大，还是红色区域的总面积大？

方圆构瓶

请将图中用红橙色标记出的瓶子形区域进行切分，使得切分后得到的几块图形可以拼成一个正方形。有两种不同的方法供参考，一是将区域分成三块，二是将其分成四块。

圆的关系

如图，一个圆外切于一个正方形中，而另一个圆则内切于此正方形。那么这两个圆的面积是什么样的关系？

129

难度值：●●●●●●●○○○
完成：□　时间：_____

阿基米德之镰

　　如图所示，将一个完整的圆形按直径切分得到一个半圆，然后在此半圆的直径上画两个小一点的半圆。在两个半圆的交点处，向上垂直画一条直线（L），与最大的半圆周长线相交。

　　而最大的半圆之中，除开两个小半圆覆盖到的区域，剩下的图形如同一把古时用于收割谷物的镰刀。请思考这把镰刀的面积应该是多少。

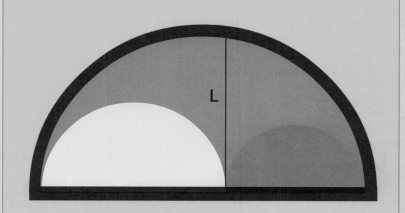

130

硬币难题

下图是用六枚硬币摆成的一个三角形状，请将这六枚硬币重新排成一个六边形形状，中间需要预留出一个位置可以放入第七枚硬币。请在五步之内完成这一任务。

这里所指的一步，是指单枚硬币在平面上滑动至新位置，且新位置要求至少同两枚硬币相接触。在移动某一枚硬币时，不可同时移动其他硬币，移动过程中也不得碰撞其他硬币。

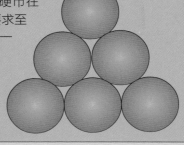

131

硬币掉头

需要将这个由十枚硬币组成的三角形上下调换方向，一次只能移动一枚硬币，且移动后的新位置必须至少同两枚硬币相接触。

六步之内可以轻松完成，你可否在三步内完成呢？

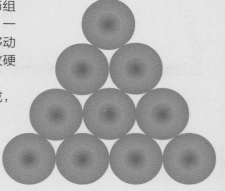

圆和切线

在同一平面上的两个不同大小的圆，有多少种本质不同的相对位置？

如果切线定义为一条与曲线在单点相交的直线，而公切线定义为同时与两个圆形相切的直线，那么对于两个不同大小的圆在各种不同的相对位置情况中，公切线各有多少条？

再假定两个圆形是完全相同的，结果会不会有变化呢？

133

难度值：●●●●●●○○○○
完成：□ 时间：_____

七圆难题

从一个圆开始（假定为图中的红色圆形）。在第一个圆的圆周线上加入六个圆形，使得新加入的每个圆形除了同红色圆形相接触之外，还同另外两个圆相接触。如果其中的三个圆（假定为图中的三个黄色圆形）持续变大，绿色的圆形持续变小，但保持其相接触的要求不变。如果黄色圆形大到一定程度甚至互相相交了，最后的图形会变成什么样子？

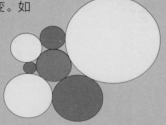

134

难度值：●●●●●●●○○○
完成：□ 时间：_____

圆内的多边形

圆周线上随机布置了5个点，从任意一点做直线，持续连接其他点再回到最初的起始点。

那么这5个点可以用这种方法绘出多少种不同的多边形？

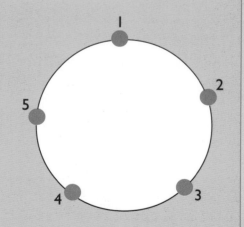

圆形涂色

上图中涂着各种颜色的圆形包含了某种逻辑提示，需要根据这种逻辑给下图的圆形涂上颜色。颜色同圆形的大小无关，因为同样大小的圆形也有不同的颜色。

请找出涂色规律，将下图的颜色补充完整。

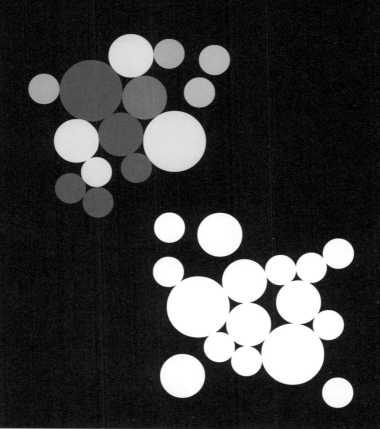

136

难度值：●●●●●●○○○○
完成：□ 时间：_____

橙色球和黄色球

　　请用六个黄色球和四个橙色球摆成等边三角形，要求不能出现有三个黄色球构成一个等边三角形的三个顶点。右侧的示例是不合乎要求的，很明显这三个黄色球构成了一个等边三角形的三个顶点。

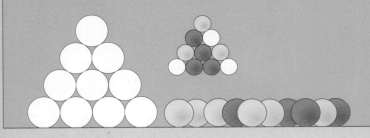

137

难度值：●●●●●●●○○○
完成：□ 时间：_____

硬币连跳

　　请将下方6个带编号的硬币堆叠成2摞，每摞3个硬币。要达到这个目标，要求移动某一枚硬币的时候必须跳过刚好3枚硬币。打个比方，2号硬币必须跳过3，4，5号硬币叠在6号硬币上。

　　你能在5步或5步之内完成目标吗？

9点成圆

　　图中白色的三角形有一些很有趣的特点：三角形三条边上的三个中点，三个顶点的垂足以及三个顶点同三角形垂心（垂心即三条垂线的交汇点）连线的三个中点，都恰好在一个圆的圆周线上。

　　是不是每个三角形都可以做出这个九点之圆呢？

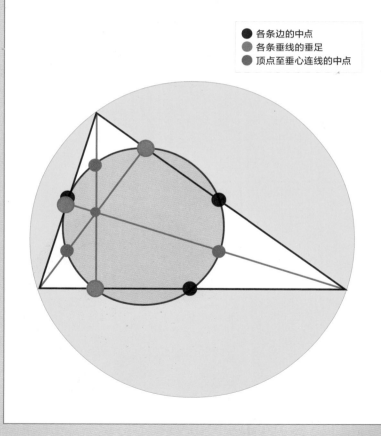

● 各条边的中点
● 各条垂线的垂足
● 顶点至垂心连线的中点

139

相触之圆

三个圆形在三个点上相交，交点以黑色标记出。在同一平面上，如果要求有九个交点，最少需要多少个圆？

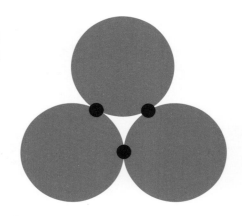

140

内切之圆

如图所示，黑色的大圆，其直径为1。大圆内有一个等边三角形和一个正方形与其内切。

请计算出图中内切的三个圆形的直径。

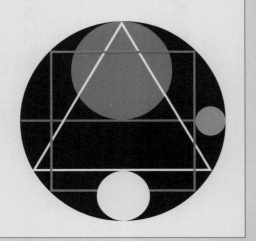

圆的切线

如图所示，三个不同大小的圆形随机分布在一个平面上。任意两个圆的两条公切线都已画出，然后出现一个很有意思的结果：三对公切线的三个交点正好在一条直线上。

这是个巧合，还是有必然规律呢？

奇兵逃脱

在一个方形的隧道内，"夺宝奇兵"琼斯正绝望地奔跑着，他的身后有一块大圆石正在朝他滚来，他要不跑就会被碾死。隧道的宽度同圆石的直径一样，都是20米。

琼斯离隧道口太远，他根本跑不过这块大石头。那么琼斯是否难逃一死？

硬币翻转

七枚硬币组成了一个圆形，都是正面朝上。你的目标是将其全部翻成背面朝上，但是必须一次同时翻转五枚硬币。根据这个操作规则，最后是否能通过若干次翻转达到目标？需要翻多少次？

144

难度值：●●●●●○○○○○
完成：□ 时间：＿＿＿＿＿

滚动的硬币

图中，七枚硬币是固定不动的，黄色硬币顺着这七枚硬币的边缘进行滚动。当黄色硬币绕着七枚硬币滚动一周回到起始位置时，它一共滚动了多少圈？回到起始位置时黄色硬币朝哪个方向？

145

滚动的圆：圆内螺线

图中，大圆是固定不动的，内圈直径为小圆的2倍，小圆在大圆内滚动。当小圆滚动一圈回到起始位置时，图中红色的点的运动轨迹是什么样子的？

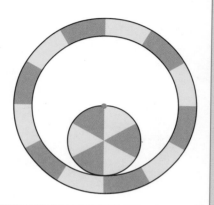

146

北极点之旅

一架飞机从北极点出发往南飞行50公里，然后转向东再飞行100公里。

请问这个时候，飞机离北极点有多远？

147

难度值： ●●●●●●●○○○
完成： □ **时间：** _____

球体体积

图中的圆柱体、球体和圆锥体，其高度和宽度都一样。那么请问这三个物体的体积之间存在什么样的关系？

148

难度值： ●●●●●●●○○○
完成： □ **时间：** _____

地球的圈

假定地球是一个完美球体（真实的地球并不是完美球体，这里做个假定，便于题目描述），然后把赤道想象为一条巨大的腰带，贴身缠绕在地球上。

如果将这根大腰带加长2米，那么其必然不再紧贴地面，会显得松垮一些。那么松到什么程度呢？换句话说，这根腰带同地球地面之间的距离是多少？给你三个选项：0.3米，0.33米，3.3米。有一个答案是正确的，请找出来。

最快速降落

如图所示，高处的出发点放有四个完全相同的小球，分别处在四条轨道上。如果同时释放这四个小球，哪一条轨道（弯线、直线、弧线、摆线）上的小球会最快抵达下方终点？

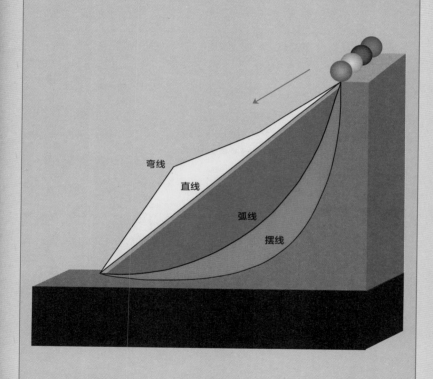

弯线

直线

弧线

摆线

150

难度值：●●●●●●●●○○○
完成：□ 时间：_____

球体切割

假如图中的球体已由四条直线切开，不存在未切断的情况。那么怎样才能使切出来的碎块数量最多？

151

难度值：●●●●●●●●●○○○
完成：□ 时间：_____

螺旋

一段圆柱形管道上缠绕着一段绳子，一共缠绕了4圈，如图所示。这段管道周长为4米，长12米。请计算出绳子的长度。

152

摆动区域

如图，圆上的一个点，在随圆滚动的过程中，轨迹形成了一条摆线。那么这条弧形摆线形成的白色区域能否计算出面积？这条摆线的长度同这个圆的面积之间有什么关系？

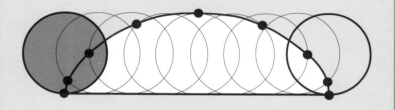

153

球体表面积

一个球体刚好装进一个薄壁圆柱体容器内，圆柱体的高度和直径同球体的直径一样。那么，是球体的表面积大，还是圆柱体的表面积大？

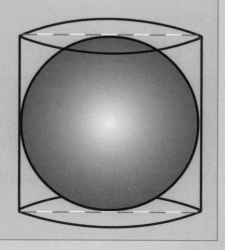

难度值：●●●●●●●○○○
完成：☐ 时间：＿＿＿＿＿

圆锥曲线学

公元前225年，古希腊学者阿波罗尼奥斯在他的著作《圆锥曲线学》中提到，底面为圆形的圆锥体可以切割成若干个曲面形状。如果按照图中1至4的方法进行切割，能得到什么样的曲面形状？

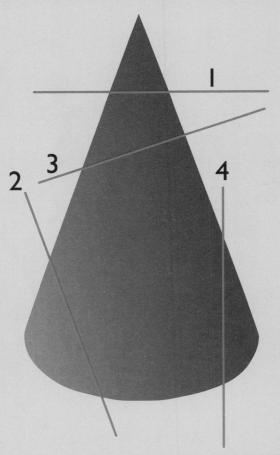

剑和剑鞘

　　四名战士正在备战，他们将宝剑从剑鞘中拔出。第一把剑是完全直的，第二把剑为半圆形，第三把剑为波浪曲线形，第四把剑则是三维螺旋形，如图所示。这段话的叙述好像有点问题，问题出在哪？

第 **6** 章

形状和多边形

　　形状看似构造简单，比如圆形和正方形，但在数学的概念中却是非常复杂的物体。而多边形，即由直线做边的闭合图形，内涵就更深了。本章即将带给你的挑战，将是形状和多边形的分离与组合。

奇怪的形状

下列七个图形中，有一个同其他的不同，请找出是哪一个，并说明其不同的原因。

找出不一样

下面五个图形,哪个跟其他四个不一样?

158

难度值: ●●●●●●●○○○
完成: □ 时间: _____

欧拉公式

请观察下方由多边形构成的复杂地图。首先,请数出图上黑点的数量。然后用这个数字减去所有边的数量,再加上多边形的数量。

最后得到的数字是什么? 这个数字是否适用于所有多边形? (不管多边形的大小、形状和复杂程度。)

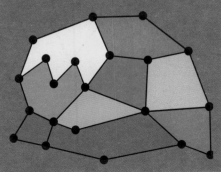

凹图形和凸图形

红色的多边形中间的数字丢失了，它应该是多少呢？

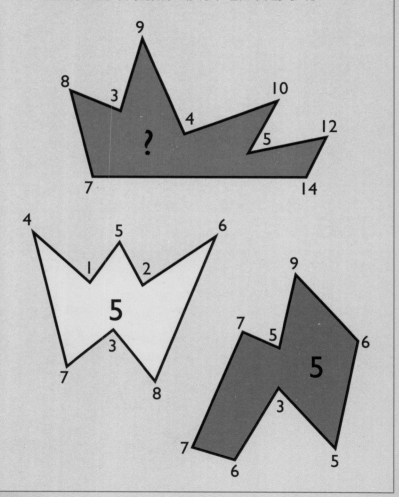

钉板面积

右侧的钉板，用红色橡皮筋在四个钉子上围出了一个形状。在无测量工具的情况下，你能否算出这个图形的面积？

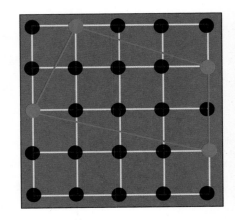

内外六边形

一个正六边形外切于一个圆，这个圆又外切于另一个正六边形。如果圆内的六边形的面积为3，请问圆外的六边形的面积是多少？

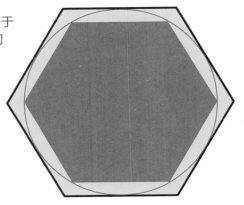

162

难度值：●●●●●●●○○○○
完成：□　时间：＿＿＿＿＿

凸四边形

　　平面上有五个随机分布的点，是否在任意情况下都能够通过连接其中四个点得到一个凸四边形呢？

163

难度值：●●●●○○○○○○○
完成：□　时间：＿＿＿＿＿

数三角形

　　一块不明形状的遮罩覆盖在了一堆三角形上。根据你的观察，这里面有多少个三角形？

164

难度值：●●●●●○○○○○
完成：□ 时间：＿＿＿＿＿

三角形互叠

　　三种不同大小（边长分别为1，2和3）的等边三角形各自都有一部分重叠在了一个边长为5的大三角形上。根据你的观察，是大三角形的红色区域的面积大，还是较小的一堆三角形的蓝色区域的总面积大？

隐藏的三角形

如图所示，将三角形的三个角分别三等分，而中间的三个交点形成了一个等边三角形。

是否任意三角形用这种三等分画法都可以形成等边三角形？

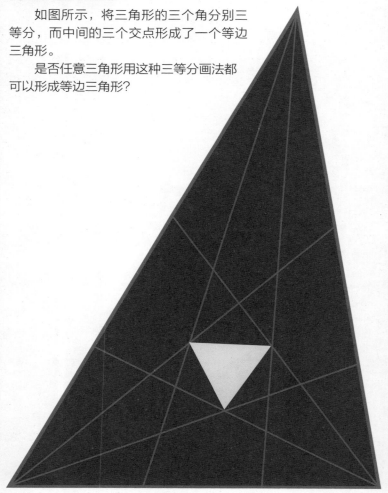

166

多少个三角形?

此图中有各种不同大小的三角形，你能数出多少个？

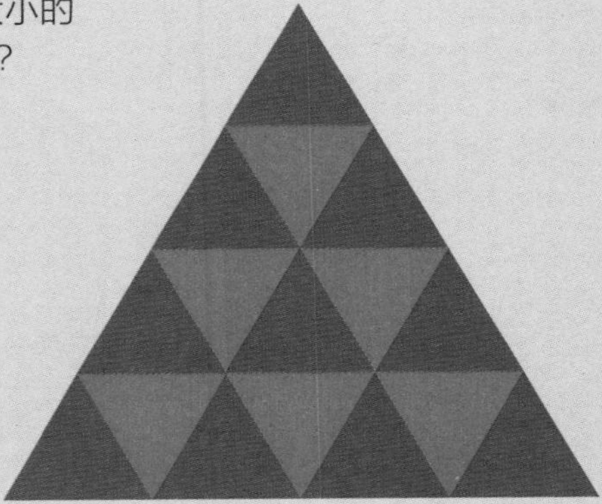

167

四边形中的三角形

一条直线将这个四边形分成了两个三角形。是否存在这样一个四边形（四边形其实就是四条边的多边形），可以用一条直线分成三个三角形？

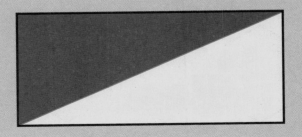

168

难度值：●●●●●●●●●●
完成：□ 时间：＿＿＿＿＿

六边形模式

下方的8个小六边形中，有一个同大六边形不一样，它没有使用同样的24块彩色图片构成。

请问是哪个？

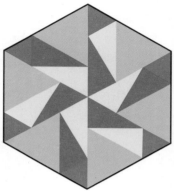

124

折页屏风

在房间的角落里有两块完全相同的板组成的折页式屏风，如图所示。那么这两块板要打开到一个什么样的角度，才能使屏风和墙之间围成的面积最大？

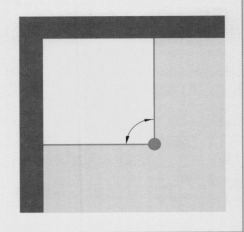

多边形的面积

下图是两个正多边形——一个正六边形和一个等边三角形。两个图形的周长一样，那么它们的面积之比是多少？

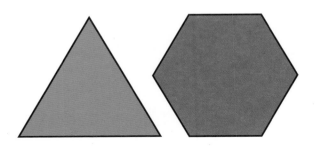

171

难度值：●●●●●●○○○○
完成：□ 时间：_____

内切三角形（一）

在右图的七边形中，以七边形任意三个顶点做三角形，要求做出的三角形任意一边不得同七边形的边重合。这样的三角形能做出多少个？

比如在正方形或者五边形中，满足这个条件的三角形是不存在的。而在一个正六边形中，可以做出两个，如图所示。

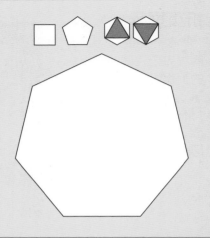

172

难度值：●●●●●●●○○○
完成：□ 时间：_____

内切三角形（二）

在右图的八边形中，以八边形任意三个顶点做三角形，要求做出的三角形任意一边不得同八边形的边重合。这样的三角形能做出多少个？

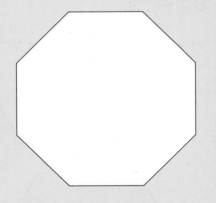

多少个立方体?

在下方的透视图中，请找出六个三维立方体。

平行四边形切分

下方的平行四边形需要
进行几次直线切分才能变成
一个矩形？

三角切分

对于右图中的七边
形、九边形、十一边
形，分别需要做多少条
对角线才能切分
成若干三角形？
切分后各自产生
多少个三角形？

钉板三角形

在一个3×3的钉板中，选取任意三点相连而得的三角形，如果通过旋转得到的对称图形不重复计数，那么共有11种不同的方法构成三角形。以下是10种，请画出第11种。

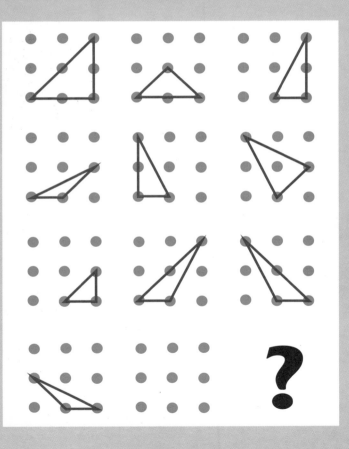

177

难度值：●●●●●●○○○○
完成：□ 时间：＿＿＿＿＿

艺廊

艺廊内有14面长度相等的墙。有若干可转动的监控摄像头正对着墙的方向。艺廊主人想进行重新设计，在墙面的数量和长度都不变的情况下，只安装一个可转动摄像头监控到所有墙的各个角落。那么请问需要如何设计？

178

难度值：●●●●●●●●●●
完成：□ 时间：＿＿＿＿＿

1844年日本寺庙难题

五个正方形的排列方式如图所示。请证明：绿色正方形的面积同绿色三角形的面积相同。

179

三角形三等分

下图的三角形中，从三角形的每个顶点和其对应边的三等分点做直线连接（这样的直线称为赛瓦线，以意大利数学家乔瓦尼·赛瓦的名字命名）。三条线段将三角形分隔成七块区域，七块区域的面积均为总面积的$\frac{1}{21}$的倍数。

请计算出这七块区域各自的面积占比。

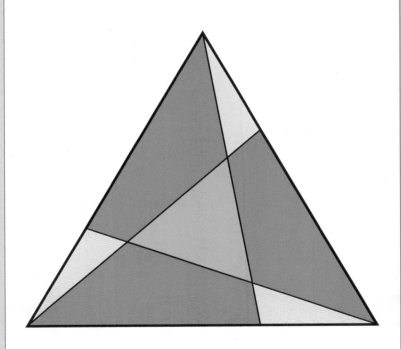

180

难度值：●●●●●●○○○○
完成：□ 时间：_____

构成三角形的条件

下图是四组不同长度的彩条。各组彩条的长度分别为：3，4，6；4，5，7；4，5，9；3，5，9。

有没有哪一组彩条，其长度无法构成一个三角形？

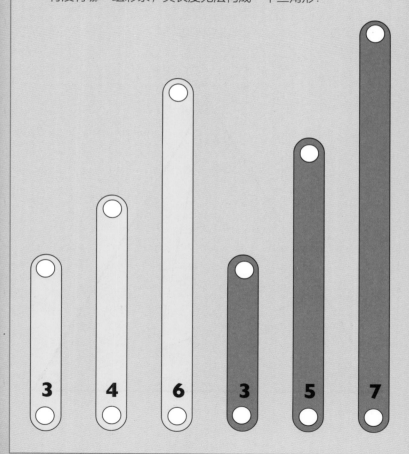

3   4   6   3   5   7

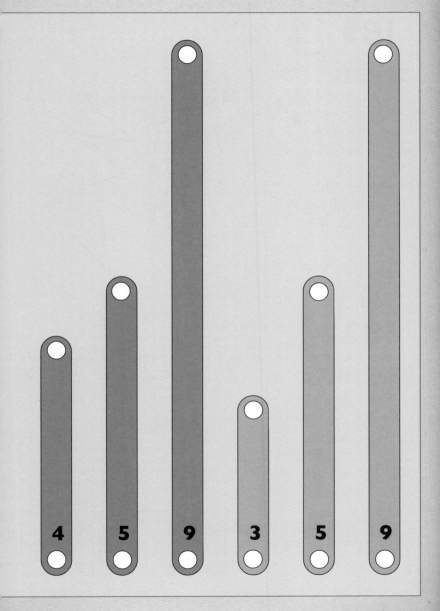

艺术巡视

在一个形状特异的现代艺廊中，安装有六个可转动的监控摄像头（图中红点），这些摄像头可以监控到艺廊的每个角落。要实现全面监控，所需的摄像头的最小数量是多少？需要如何安装？

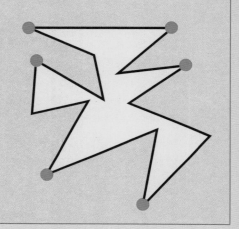

银行巡视

银行的各个角落一共安装有五个可转动监控摄像头（图中红点）。这些摄像头可监控到所有位置。其实三个摄像头即可满足需要，请问需要如何安装？

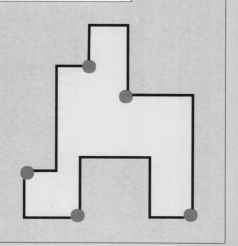

183

拿破仑定理

　　如图，先画一个蓝色三角形。以蓝色三角形三条边为底边向外做出三个等边三角形。然后以三个等边三角形的中心点为顶点，再做出一个等边三角形。

　　是否任意三角形都能这么做？如果三个等边三角形是向内做出，会怎么样？

　　此定理据说来自拿破仑，一个富有激情的业余数学家。

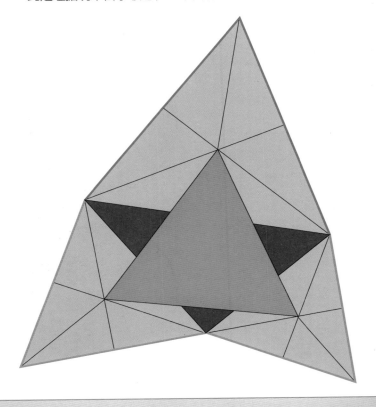

分蛋糕

生日派对上，三块蛋糕按图中所示已切好，需要分给两组人。一组得红色部分，一组得黄色部分。

1号蛋糕是从中心点切三次而得，每块蛋糕的夹角为60度。

2号蛋糕也是切三次而得，但是从非中心点的任意一点切的。每块蛋糕的夹角也是60度。

3号蛋糕同2号蛋糕的切入点一样，但切了四刀，每块蛋糕的夹角是45度。

请问两组人得到的蛋糕总量是否相同？

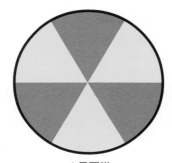

1号蛋糕

2号蛋糕

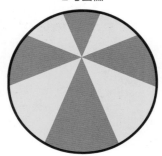

3号蛋糕

185

提取多边形

十个正多边形堆在了一起。可以把多边形按次序提取出来，但每次提取多边形时，所提取的多边形之上不得存在其他多边形。那么要提取所有多边形，应该按照什么样的顺序？

186

隐形的正方形

一个正方形消失了，只剩下四个点。只知道这四个点在原正方形的四条边上。请将原正方形画出来。

十字钉板

在许多游戏中都会用到钉板,其教育意义十分巨大。所有的钉板基本上都是由方形的矩阵孔洞构成,或者是连续回形矩阵孔洞构成。下图的钉板,钉孔由红点代表,通过连接四个点,可以构成的不同大小的正方形有多少个? 提示: 构成的正方形并不一定是横平竖直的。

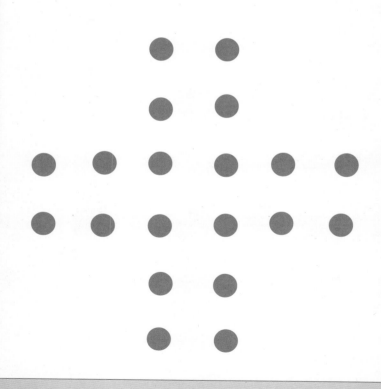

第 **7** 章

模式

　　在自然界中，随处都能发现各种各样的模式。模式能表达出其潜在的逻辑系统，这种逻辑结构在人类大脑中是和谐自然的，并且易于接受，像是数列、阶乘、有序排列、幻方等。本章中，你需要靠自己的能力去发现模式中存在的逻辑并推导出新的模式。

阶乘

使用字母O、N和W，可以组成多少个不同的单词？每个单词中的每个字母只允许使用一次。

男孩和女孩

一群小学生在实地考察旅行途中，四人一组坐在地上，如果要求每个女孩旁边都至少坐着一个女孩，那么有多少种不同的排列方式？

难度值：●●●●●○○○○○○
完成：□ 时间：_____

魔方（一）

下图中3×3的大立方体由27个1×1的小立方体组成。请将每个小立方体涂上三种颜色中的一种（红色、绿色或黄色），使每个横排和每个纵列都包含三种颜色。每一种颜色只允许使用九次。

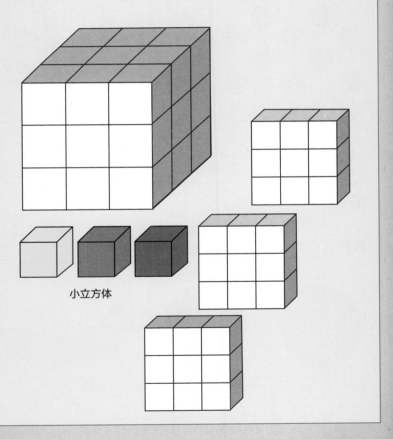

小立方体

191

幻星（一）

请将数字1—10填入图中的空圆中，使每条直线上的数字之和等于30。

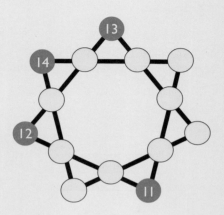

192

排列

将下图中的水果用不同的方式进行排列，你能找出多少种排法？

193

难度值：●●●●●●○○○○
完成：□ 时间：______

组队涂色

下图中有16对圆。请使用黄色、红色、绿色和蓝色将下图中的圆涂上颜色，要求这16对圆中，每一对的涂色组合都不一样。

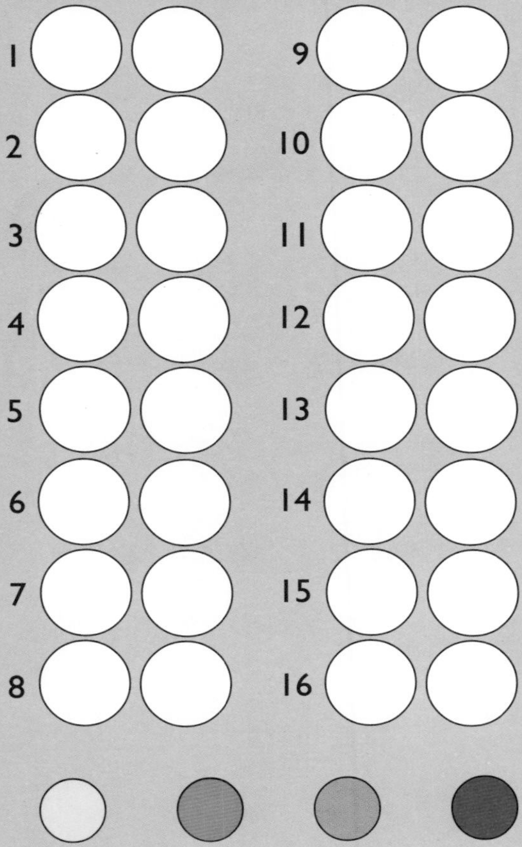

座次问题

下图是一张八边形的餐桌，请问有多少种不同的方式安排8个人的座次？（通过旋转得到的相同图案的两种安排方法只能算为一种。）

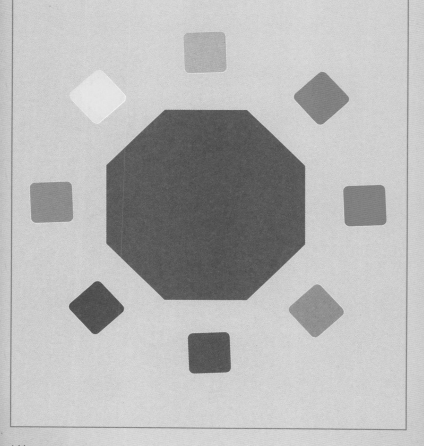

难度值：●●●●●●●○○○
完成：□ 时间：_____

魔幻五角星

请将数字1—12（除了7和11）填入下图中的空圆中，使每条直线上的数字之和都是24。数字3，6，9已经填好了。

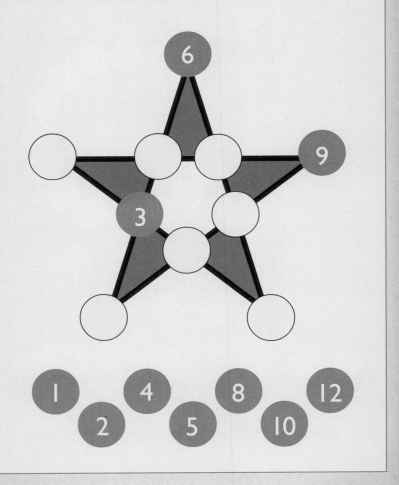

项链涂色

请将黄色、红色、绿色和蓝色涂在项链上，使这16种颜色组合在顺时针或逆时针方向上各只出现一次。

197

幻方（一）

请将数字1—9填入下方的正方形中，使任意横排、纵列和对角线的三个数字中，用中心数字减去另外两个数字之后，得到的结果相同。

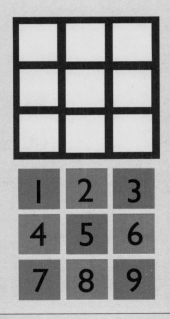

198

幻方（二）

请将数字1，2，3，4，6，9，12，18和36填入下方的正方形中，使任意横排、纵列和对角线上的三个数字相乘之后，得到的总和相同。

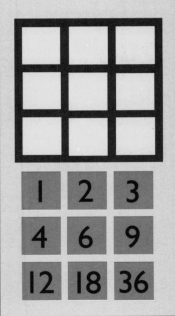

199

难度值：●●●●●●●○○○
完成：□　时间：_____

幻方（三）

　　请将数字1，2，3，4，6，9，12，18和36填入下方的正方形中，使任意横排、纵列和对角线上的三个数字数列，其两端数字的乘积除以中间数字依然等于中间的数字。

200

难度值：●●●●○○○○○○
完成：□　时间：_____

幻方（四）

　　请将数字1—12填入下方的空格中，使横向、纵向和斜向都不能出现连续的两个数字。

148

201

丢勒幻方

德国艺术家阿尔布雷特·丢勒在1514年的版画作品《忧郁症》中做出了这个幻方。这不是传统意义上的幻方，而是具有更强大的魅力的幻方。

请将下图中丢失的数字填入，使每个横排、纵列以及主对角线上的数字之和都等于34。

此外，这个正方形还存在其他有意思的属性吗？

202

幻方（五）

下图是一个5×5的幻方，部分格子涂上了黄色。请将数字1—25填入下方格子中，使每个横排、纵列和主对角线上的数字之和都相等——注意，黄色的格子中只能填奇数。

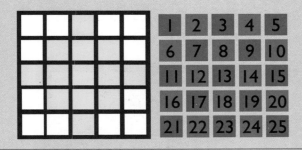

203

幻数

请将数字1—8填入右方空圆中，黑线连接的两个圆中的数字不能是相连的。

下图是一种错误的填法。

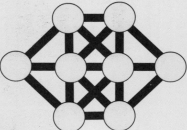

幻方（六）

请将数字1至8以及（-1）至（-8）填入下方格子中，使每个横排、纵列和主对角线之和都为0。

205

难度值：●●●●●○○○○○
完成：□ 时间：_____

洛书

　　根据中国古代神话的记载，洛书的历史可以追溯到公元前5世纪。洛书是历史最悠久也是最简单的幻方。

　　洛书的目标在于将编号1—9的瓦片放入格子中，使每排、每列以及对角线上的各数字之和相等。不考虑对称和旋转的情况，只有一种填法。

　　在填入数字前，你能否猜到各数字之和为多少？

152

206

难度值：●●●●●○○○○○
完成：□ 时间：＿＿＿＿＿

折页幻方

下图中，每一块瓦片都装有折页，如果将瓦片按折页方向翻动，瓦片正面上的数字会被遮住，之前遮住的数字就会露出来。每个瓦片背面的数字同正面的数字一样，而瓦片翻过来时原本被遮住的数字为原数字的两倍。（如果将第一排第一个数字5按方向翻动，那么第二排第一个数字17会被遮住，在原17的位置会显示为5，而原本5的位置会显示为10。）

请翻动三个折页，使每个纵向、横向、主对角线上的各数字之和都是34。

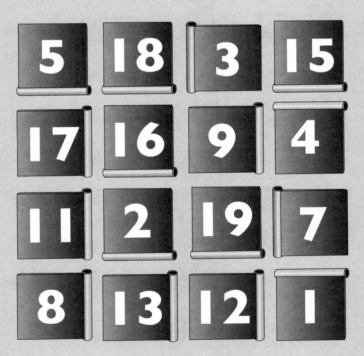

207

难度值：●●●●●●●●○○○
完成：□ 时间：_____

猩猩和驴

　　动物园里有五只猩猩，三头驴。如果你需要任选一只猩猩加一头驴，那么你有多少种不同的选择组合？

208

难度值：●●●●●●●○○○
完成：□ 时间：_____

魔幻圆（一）

下图中四个圆的各个交点都需要填上一个数字。

请将下方提供的数字填入空圆中，使每个圆上的一组数字之和均为39。

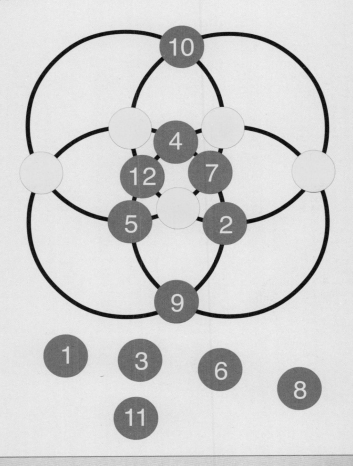

正方形和数字平方

请在下图中正方形四个角上的圆内填入数字,使正方形任意一边的两个数字之和都是某个数字的平方。

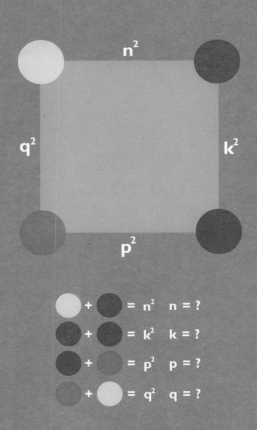

210

魔幻六边形（一）

请将下方提供的七个数字填入图中的七个空圆中，使图中任意一条直线上的各个数字之和均为21。

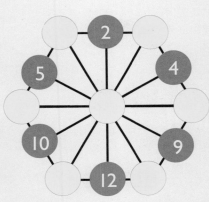

211

三角形和数字平方

请在三个圆中填入三个不同的数字，使三角形任意一边上的两个数字之和都是某个数字的平方。

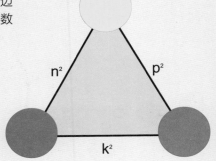

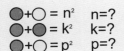

●+○ = n^2　　n=?
●+● = k^2　　k=?
●+○ = p^2　　p=?

212

魔幻圆（二）

请将数字1—9填入下图空圆中，使每一条横贯中心点的直线上各数字之和均为15。

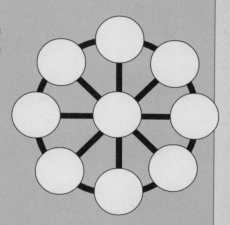

213

魔幻圆（三）

请将数字1—6填入下图三个圆形的交点位置，使每个圆上的数字之和都相同。

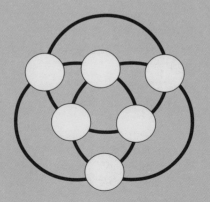

214

难度值：●●●●●●○○○○
完成：□　时间：_____

魔幻七边形

请将数字1—14填入七边形各条边上的空圆中，使每条边上的三个数字之和均为26。

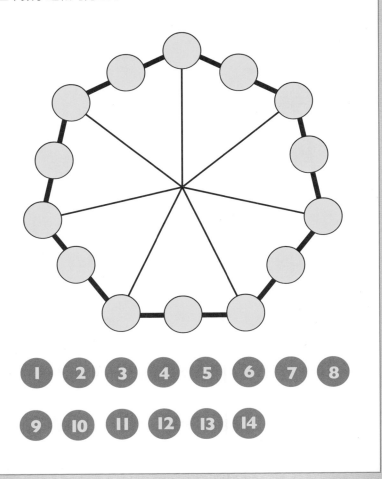

魔方（二）

请将数字1—12填入立方体各条边上的空圆中，使每个平面上四条边上的数字之和均为26。

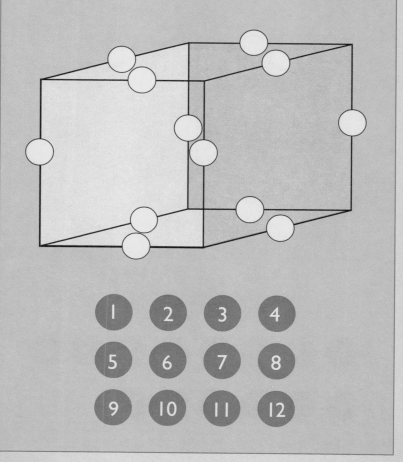

216

难度值：●●●●●●●○○○

完成：□ 时间：_____

魔幻圆（四）

请将数字1—18填入下图空圆中，使所有处于对称位置的两个数字之和均为19。图中已填出3组对称位置的数字，请将剩下的填完。

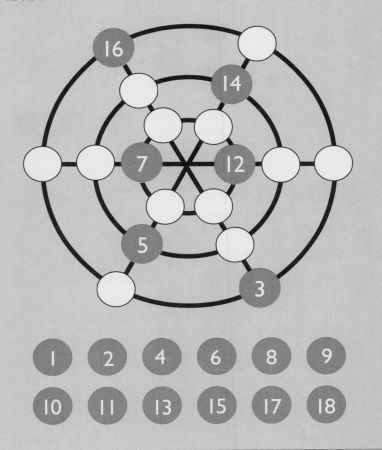

难度值：●●●●●●○○○○
完成：□ 时间：＿＿＿＿

幻星（二）

请将下方提供的9个数字填入图形的空圆中，使任意直线上的各个数字之和均为26。

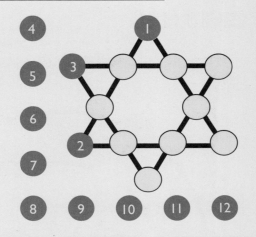

难度值：●●●●●●●○○○
完成：□ 时间：＿＿＿＿

格子与箭头

方形格外的黄色格子内都需要放入一个箭头，箭头可指向横、纵、斜对角方向。请将剩余的格子全部画上箭头，使指向各格子的箭头数量等于其所指的格子中的数字。（比如数字2的格子表示有两个箭头指向此格子。）

↓	↗				
	3	2	1	2	2	↙
↗	2	1	3	1	4	
	2	4	2	5	2	
˙	4	2	5	2	3	
→	3	4	2	3	3	
	↗	↑				

219

难度值：●●●●●●●○○○
完成：□ 时间：_____

魔幻六边形（二）

曾有大量书籍描写魔幻正方形，但是"魔幻"一词在其他的多边形上也能体现出来，比如三角形、圆形和六边形。举个例子，请将数字1—19填入下方的六边形游戏板中，使每条直线上的各数字之和都相等。这里面涉及一个神奇的常数，你知道是哪个数字吗？

为了让这道谜题不至于太难，部分数字已填入。请将剩余的数字完成。

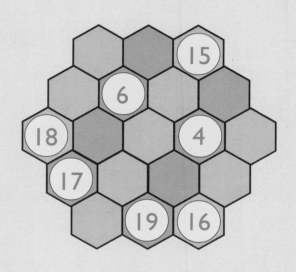

① ② ③ ⑤ ⑦ ⑧

⑨ ⑩ ⑪ ⑫ ⑬ ⑭

方形之舞

下图中，每一横排的4幅方格图中，5个黑色方块的位置是有一定规律的，但每一排都有一个方格图缺失黑色方块。请观察每排其他方格图的图样，找出规律，将丢失的黑色方块补齐。

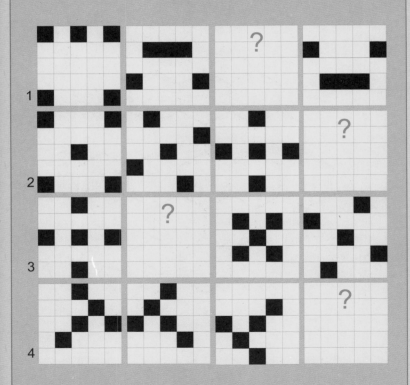

221

三个碗，两种水果

用三个碗盛放两种不同的水果，有多少种不同的方式？

222

颜色连排

请将红色或蓝色填入各个交点的圆圈中。要求每条直线上同一种颜色不得超过四个。

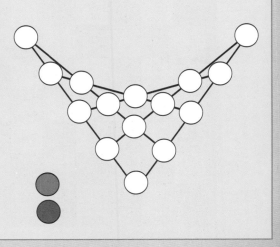

223

难度值：●●●●●●○○○○
完成：□ 时间：_____

骨牌铺满

请使用下方的21块三节多米诺骨牌（由3个正方形组成的多米诺骨牌）和1块单节多米诺骨牌，将整个国际象棋棋盘铺满（颜色需对应）。

166

第 **8** 章

分切

    学习形状最好的一种方式，就是将其进行切分并将切分后的碎片组成新的形状。对于指定形状有许多种不同的切分方式，有的也非常复杂。许多游戏中都有用到分切，而本章精选的分切难题可以帮你找回成就感。

幸运切割

请将图中的马蹄形用两条直线分成6块。

镜面翻转

图中，每一块彩色碎片都可以绕着红色的镜面线翻转。请你发挥想象力，如果将所有的碎片进行翻转后，会得到一个什么样的形状。

226

难度值：●●●●●●○○○○
完成：□ 时间：＿＿＿＿＿

隔离猴子

如图，需要给4只猴子用篱笆围成完全相同的4个住所，并且跟其他猴子隔离开。请沿着下方6×6的格线，找出两种分隔舍间的方法。

227

难度值：●●●●●●●●●●
完成：□ 时间：______

围墙

请按照格线建造围墙，使图中的每一只动物都能得到一个大小形状完全相同的屋舍。

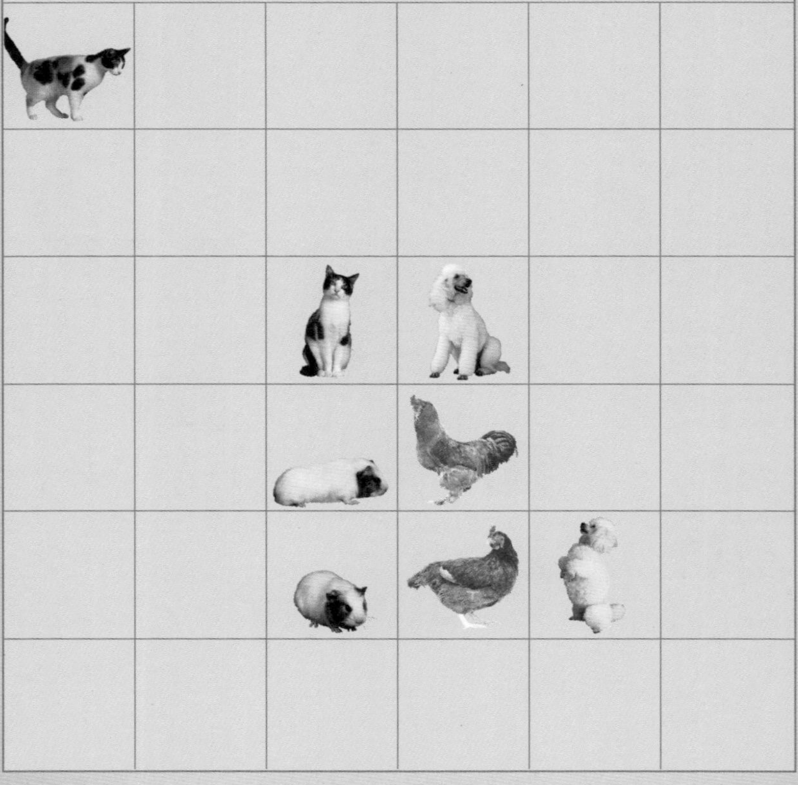

228

方形四分

下图为5×5的正方形，中间部分有一个方块缺失了，此图形可以沿格线分割成4个完全相同的图形（中间的方块去掉后，剩下的分成4块，每块都由6个小方格组成）。这样的切分方式共有7种，下图为其中一种，请将其余6种画出来。

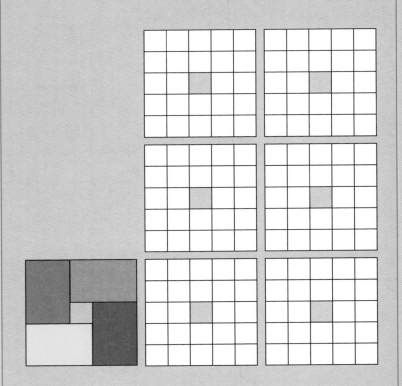

229

难度值：●●●●●●○○○○
完成：□ 时间：_____

形状二等分（一）

请将下图中的不规则形状分成两个完全相同的图形。然后在此基础上，再将两个图形分成四个完全相同的图形。有两种四等分的方法，其中一种并不按照格线进行分割。

172

230

形状二等分（二）

请将下图中的不规则形状分成两个完全相同的图形。

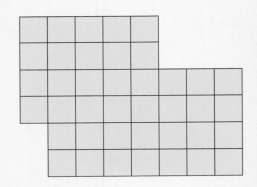

231

形状二等分（三）

请将下图中的不规则形状分成两个完全相同的图形。

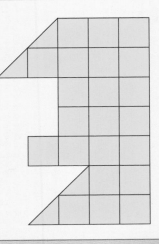

难度值：●●●●●●●●○○○
完成：□ 时间：_____

形状二等分（四）

请将下图中的不规则形状分成两个完全相同的图形。

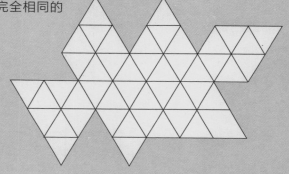

难度值：●●●●●●●○○○
完成：□ 时间：_____

形状四等分（一）

请帮助西蒙将他的"L"形地毯分成四等分。

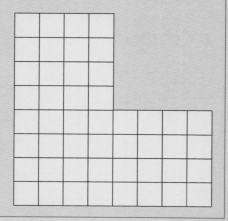

234

形状四等分（二）

请将下图中的形状分成四个
完全相同的部分。

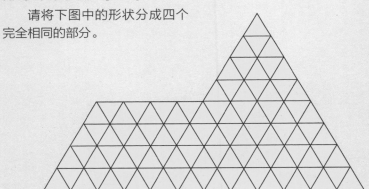

235

形状四等分（三）

安娜需要将下图的梯形分成四个完全相同的部分。请帮她想出
切分的方法。

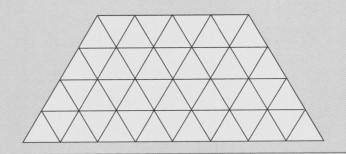

形状连接（一）

上图中的非凸多边形分成了24块完全相同的三角形，每一块都涂上了一种颜色，颜色共4种。请在不改变大多边形整体形状的前提下，重新将小三角形进行摆列，使图形变成4块互相连接的完全相同的部分。每个部分都必须是同一个颜色。4个部分只要是通过对称或旋转能同其他部分相同的，均可认定为完全相同。

237

难度值：●●●●●●○○○○
完成：□　时间：_____

形状连接（二）

有的图形形状是通过一个单点连接两个部分所组成的。请将下图的多边形分成两个相连接的完全相同的部分。

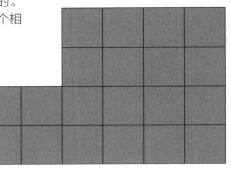

238

难度值：●●●●○○○○○○
完成：□　时间：_____

分隔瓢虫

瓢虫在饥饿的时候会互殴。请用三条直线将下图中的所有瓢虫全部隔开。

239 | 难度值：●●●●●●○○○○
完成：□ 时间：______

正十字变正方形

请将下图的正十字（即希腊十字架）分成9个小块，使这9个小块可以组成5个小正方形，也可以组成一个大正方形。

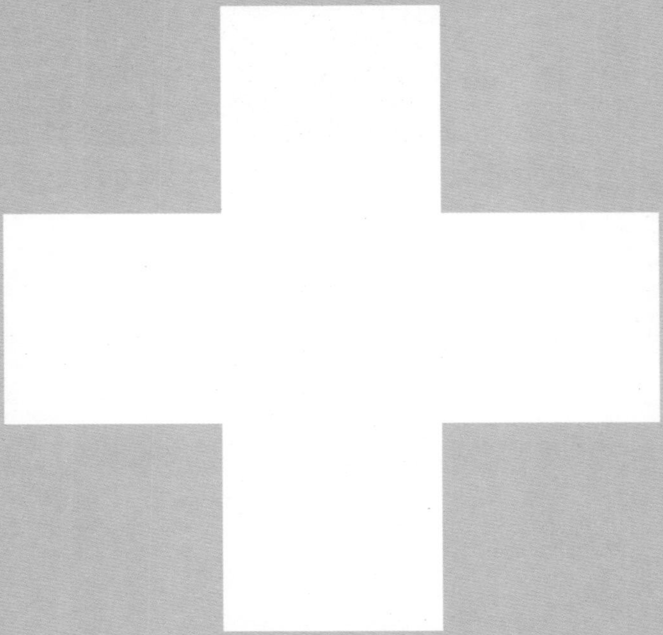

240

难度值：●●●●●●●○○○
完成：□ 时间：＿＿＿＿

苍蝇

右边的图表中，每一行、每一列以及每条斜线都只有一只苍蝇。请将其中三只苍蝇移动一格——横向、纵向或斜向——使图表依旧保持每一行、每一列以及每条斜线都只有一只苍蝇。

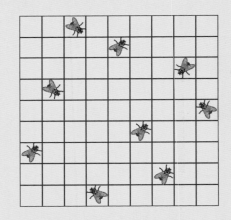

241

难度值：●●●●●●○○○○
完成：□ 时间：＿＿＿＿

正方形一分二

请将下图5×5的大正方形进行适当分割，使分割后得到的若干个图形可以组成一个4×4的正方形和一个3×3的正方形。要求分割出的图形数量越少越好。

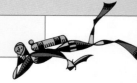

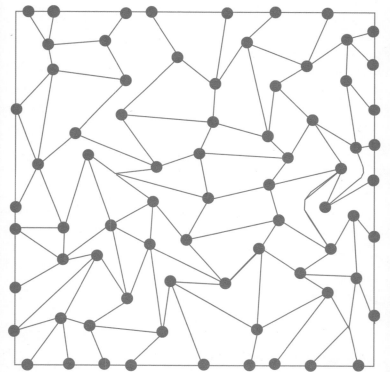

潜水艇过网

　　海军的蛙人必须在敌方的拦截绳网中清理出一条通路供己方潜水艇通过。但由于时间紧迫，绳结太结实无法破坏，只能切断组成拦截网的绳子。

　　请从上至下找出一条通路，使需要切断的绳子数量最少。

243

难度值：●●●●●●○○○○
完成：□ 时间：＿＿＿＿＿

正方形一分三

请将下图7×7的正方形进行适当分割，使分割后得到的若干个图形可以组成一个6×6的正方形、一个3×3的正方形和一个2×2的正方形。要求分割出的图形数量越少越好。

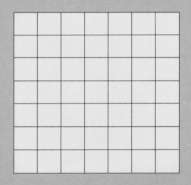

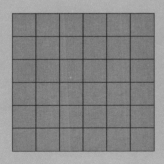

三角形折页

右图中的等边三角形分成了四个部分。图中红色的点表示折页点，它们将四个部分互相连接起来。如果将蓝色的图形固定，其他图形按照折页点进行旋转，那么可以得到一个新的图形。请想象新图形是什么样子。

三角形适配

下图中，如果要把几个小的图形放到大的图形中，能放入几个？注意小的图形放入后互相之间不得重叠。

三角变星形

下图中的等边三角形由24个完全相同的三角形构成。要求只观察不动笔，思考如何将图形重新排列组成一个漂亮的六角星形。

247

不完美三角

　　使用三角形格线做辅助，将此边长为11的红色等边三角形完整切分成较小的三角形。那么最少可以分成多少个？

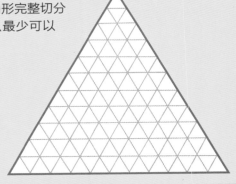

248

炮孔难题（一）

　　现在有很多谜题以长方形方块来构建。这种方块比较像多米诺骨牌，长宽之比为2:1。有一类谜题叫作炮孔难题。也就是使用长宽比为2:1的方块构建出长宽比为1:1的射击炮孔。

　　请使用10块长宽比为2:1的方块，在右边4×7的图表上搭建出8个长宽比为1:1的炮孔。

难度值：●●●●●○○○○○
完成：□ 时间：＿＿＿＿＿

炮孔难题（二）

请使用11块多米诺骨牌，在下方4×8的图表上搭建出10个炮孔。

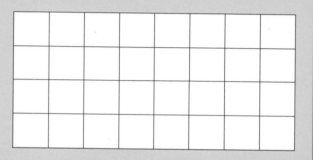

难度值：●●●●●●●○○○
完成：□ 时间：＿＿＿＿＿

炮孔难题（三）

请使用14块多米诺骨牌，在下方5×8的图表上搭建出12个炮孔。

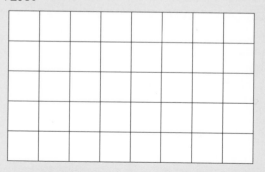

251

炮孔难题（四）

请使用27块多米诺骨牌，在下方8×10的图表上搭建出26个炮孔。

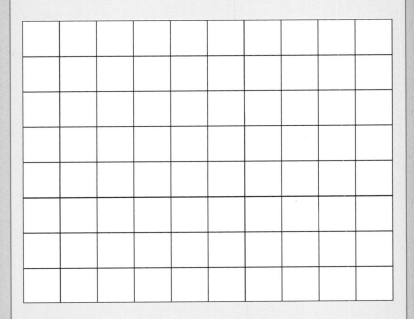

252

难度值：●●●●●○○○○○

完成：□ 时间：＿＿＿＿＿＿

不完美正方形分割

　　15个正方形可以组成一个不完美的13×13的大正方形，如右图所示。如果移除一个5×5的正方形，你能将剩下的正方形拼成一个不完美的12×12的正方形吗？（所谓不完美正方形，指大正方形由不同大小的小正方形组成，且相同大小的正方形大于等于2个。）

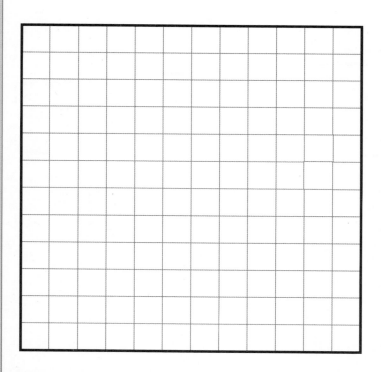

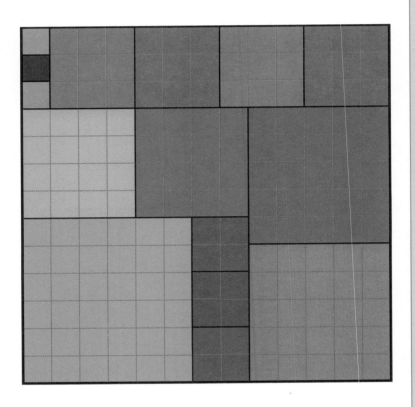

未覆盖的正方形

　　如果想把下图中5个"L"形放入这个4×4的空板中,不管怎么放都会有一个方格覆盖不到。因为5个L形占用的总格数为15,而空板的面积为16。那么请问,是否可以通过改变摆列方式,使未覆盖到的空格可以出现在空板中任意一格的位置?

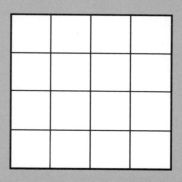

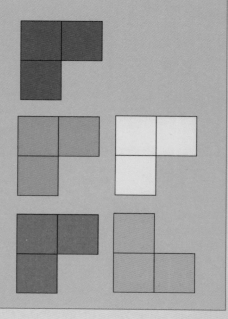

254

三角内的矩形

右图中的四个示例是等腰三角形，它们都嵌入了一些正方形和矩形。仅通过观察，请找出哪一个图形中，正方形和矩形所覆盖的面积最大。

255

多边形复制

下图是由4个小正方形组成的"T"形状，请问需要多少个这样的T形才能完全覆盖右图的大"T"形的所有格子？如何覆盖？

256

正多边形拼贴

所谓正多边形拼贴，指的是使用若干完全相同的正多边形像马赛克一样无缝衔接填满一个平面。正多边形有无数种——从等边三角形到正方形到圆形（圆形可以看作是由无数条边构成的正多边形）不等。请问有多少种正多边形可以完成无缝拼贴？

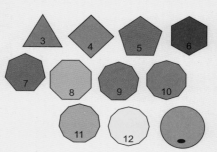

多米诺骨牌

以下九个图形是将1—4块方块（完全相同的正方形）进行拼接的结果，且边线对接整齐。那么，要把五个完全相同的正方形进行这种边线对接整齐的拼接，有多少种不同的方式？

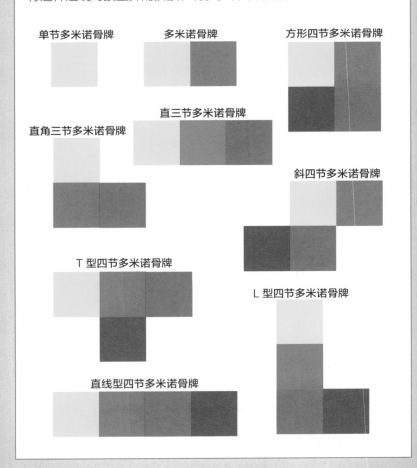

单节多米诺骨牌

多米诺骨牌

方形四节多米诺骨牌

直三节多米诺骨牌

直角三节多米诺骨牌

斜四节多米诺骨牌

T 型四节多米诺骨牌

L 型四节多米诺骨牌

直线型四节多米诺骨牌

258

难度值：●●●●○○○○○○
完成：□ 时间：_____

战舰部署

有一个经典的战舰游戏，即在一张10×10的表格上部署一支10艘舰船组成的舰队：4艘潜水艇（各占1格），3艘驱逐舰（各占2格），2艘巡洋舰（各占3格）和1艘战舰（占4格）。要求部署的战舰不得互相接触，也不允许船首船尾的方格产生直角交点。

请将9艘小船部署在表格上，要求剩下的空格无法再放入一艘战舰。

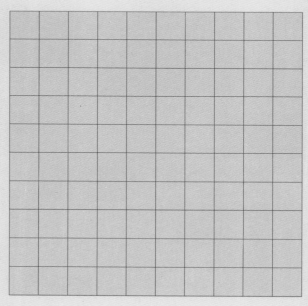

答案

第1章

1 罗马数字的"7"（Ⅶ），可以通过将罗马数字的"12"（Ⅻ）按水平方向一分为二得来。

2 16807个单位的面粉，也就是7×7×7×7×7。本题来源于公元前1850年古埃及数学著作《莱因德纸草书》（*Rhind Papyrus*），作者为书记官阿默斯（Ahmes），可能是现今最古老的谜题了。自此谜题面世以来的数千年间，已启发了无数人对其进行各种再创作。

3 三个框架不完全一样。假设A是边长为1的正方形，因为ABC都是垂直嵌套，则C有一边大于1，B有一边小于1，C的另一边（记为C′）略大于A边框的厚度，B的另一边大于C′。

4 5号门为正确答案。多数情况下，人们趋向于选择一张比原图更"方"的图形。这是因为背景图影响了人们对门形状的认知。

5 先有蛋。谜题本身并未说明题中所指的"蛋"是不是鸡蛋。而根据古生物学的研究成果，爬行动物和恐龙远在鸟类和鸡出现之前就已在地球生存了，目前已发现有一亿年历史的蛋类化石。所以可以肯定地说：蛋比鸡出现得早。

6

7 正确的顺序为：黄色—橙色—红色—粉色—紫色—淡绿色—深绿色—淡蓝色—紫蓝色。

8

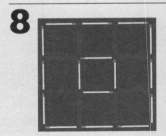

9 两种开法中奖的概率相同。但根据心理实验结果来看，10 个人中有 4 个会倾向于单抽 1 张的开法。即便是将另一种开法改成 100 抽 50，这样中奖的概率能提高到 50%，他们还是愿意选第一种。

10

$$1 + 2 + 3 + 4 + 5 = 15$$
$$1 \times 2 \times 3 \times 4 \times 5 = 120$$

11 很明显，2520 可以被 5 和 10 整除，而 5 个整数都是一位数，所以 10 排除。所以第三个整数必然是 5。

将目前已知的三个数字相加：8+1+5=14，而 30-16=14，因此剩下两个数之和必然是 16。

而将目前已知的三个数字相乘，8×1×5=40，而 2520÷40=63。所以剩下两个数的乘积必然是 63。

而只有 9 和 7 这两个数字，和为 16 且乘积为 63，所以最后答案为：5，7，9。

12

搭建此桥的关键在于使用两块积

木作为临时支撑（如图所示），当叠起足够多的积木使得整体结构的稳定性有保证之后，即可拆除支撑，叠至顶部。

13 如果说抽屉里装的是袜子不是手套，那么只需要拿 4 只就可以保证至少有一双相同颜色。但是手套有个袜子所不具备的特性：分左右。所以要使得手套成对，光是颜色一致是不够的，必须还要左右配套。所以如需保证拿出的手套是一对，拿出手套的数量需要大于全部左手（或右手）的手套数量，即 12 只即可。

14

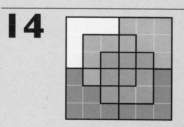

6 个正方形重叠后的轮廓为：

6×6正方形1个、3×3正方形6个、2×2正方形3个、1×1正方形8个，一共18个正方形。

---

15 4束射出的激光一共有16种可能的组合。其中有4种组合可以在人四周形成闭合能量场：

① 左—左—左—左
② 左—右—左—右
③ 右—左—右—左
④ 右—右—右—右

所以成功的可能性则为 $^1/_4$。

---

16 本题的关键在于看清楚书卷排列的方式。书虫只需要吃掉第一卷封面、第二、三、四卷的全书以及第五卷的封底，所以总距离为19厘米。

---

17 解开本题的第一步，是要算出从5种颜色中选3种，会有多少种可能的组合。将题目中的值插入通用计算公式中，即可得出可能的组合数量：

$5! \div (3! \times (5-3)!) = (5 \times 4 \times 3 \times 2 \times 1) \div (3 \times 2 \times 1 \times (2 \times 1)) = 120 \div 12 = 10$

以上计算得出，从5种颜色中选3种，可以有10种不同的组合。但有个问题，不同组合的数量并没有包含不同部位的涂法，而3种颜色涂在3个不同部位的组合为 $3!$（$3 \times 2 \times 1$），即每3种颜色有6种不同的涂法。所以5种颜色选3种涂在3个不同部位，

总共就有60种不同的涂法。

---

18 如果宝藏埋在橙色岛上，那么所有的叙述均为假。如果宝藏埋在紫色岛上，则所有叙述为真。但如果宝藏在黄色岛，则只有对紫色岛的叙述为假。所以宝藏埋在黄色岛。

---

19 朋友的说法是错误的，因为每一枚硬币的概率都是各自独立的，抛1枚硬币无非是2种结果，抛2枚就是4种结果，抛3枚就是8种结果。

1	2	3
正面	正面	正面
正面	正面	反面
正面	反面	正面
正面	反面	反面
反面	正面	正面
反面	正面	反面
反面	反面	正面
反面	反面	反面

所以在全部8种不同的结果中，只有2种是全部一致（都是正面或都是反面），即 $^1/_4$。

---

20 THINK

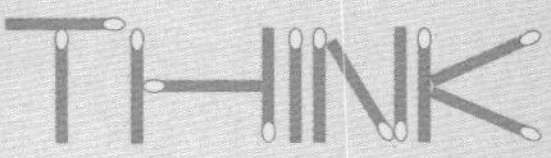

21 两名人质可以轻松分开。其中一个人用双手握住自己的绳子的两端，在绳子中部弯出一个未封闭的圆圈，圆圈和握住的部分分别位于另一根绳子的两侧。接着将圆圈

穿入对方腕部的圆圈中，过程中你会发现只能往其中一个手腕的圆圈中穿，穿另一个则会缠住。然后将未封闭圆圈持续向上抽，从手指指尖处越过然后将绳圈抽出，两人分开了。

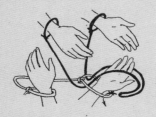

22 $6 + 6 \div 6 = 7$

23
答案是人。上午指整个人生的初期，用双手双脚爬行。中午指人生的中期，用双脚走路。傍晚指人生的后期（晚期），要挂着拐杖走路。

24
这道题需要用到毕达哥拉斯定理（即勾股定理）：直角

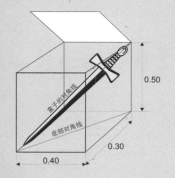

三角形斜边长度的平方等于其他两边长度平方之和，用以计算箱子左下角至右后上角之间的距离。首先，地面的对角线长度可以算出为 50 厘米，然后使用箱子的长度、高度数据计算斜穿箱子的最大长度，计算结果为 70.7 厘米。刚刚好能把宝剑放进去！

25
无法完成。如果从黑色闭环线的外侧下笔，按内外顺序穿过闭环线的次数为奇数，那么最后肯定停在闭环线内侧。而要使得绘制的线闭合，画出的交点数量必须为偶数个。不仅是 9 次无法完成，所有奇数次都无法完成。

26
两句话的真假组合共有 4 种：

真一真

真一假

假一真

假一假

第一种组合不对，因为题目说了至少一句为假。第二种、第三种组合也不对，因为若其中一句为假，那么另一句则不可能为真。逻辑上来说最有可能的情况是两个都说了假话。也就是说，瓢虫先生带黄点，瓢虫女士带红点。

27 小毯子被遮住的部分刚好是小毯子总面积的25%。下图即是最好的证明。

28 参会的人数为6人。每个人握5次手，那么握手总次数为15，而不是30。因为每次握手都是两个人参与的，不须重复计算。

29 5种。如下图所示。

30 7位电话号码可能的组合数量即为7的阶乘（7!，或7×6×5×4×3×2×1），即5040种。而这5040种组合中只有一种是正确的，那么概率则是$^1/_{5040}$，差不多0.2%。

31 每一横排中的全部黄色图形加起来能构成一个完整的正方形。

32 把"人（man，也有男人的意思）"改成"人（person，只有人的意思）"。如果用"man"的话，那么可以认为这个人有妻子有很多女儿，敲门的人是她们。

33 由于3个果篮中9根香蕉、9个苹果以及9个橙子的总价为4.05美元，那么三中水果各取其一的价格就应该是总价的$^1/_9$，即0.45美元（并不需要计算出苹果0.1美元一个，香蕉0.2美元一根以及橙子0.15美元一个）。

34

35
最多的次数按此计算：

8+7+6+5+4+3+2+1=36 次。

36
可以写出 4 个数字：

① $2^{2^2}=2^4=16$（这个数字最小）

② 222

③ $22^2=484$

④ $2^{22}=4,194,304$（这个数字最大）

使用"幂"的方式可以写出非常大以及非常小的数字。数字的幂表示数字自相乘的次数，比如：

$2^{22}=2×2×2×2×2×2×2×2$
$×2×2×2×2×2×2×2×2×2$
$×2×2×2×2=4,194,304$

37
根据蓝女士所说的话，我们可以判断她的裙子是粉色或绿色。而接话的女士穿的是绿色裙子，所以蓝女士的裙子必然是粉色的。那么绿女士肯定穿蓝色裙子，粉女士肯定穿绿色裙子。

38
从标有"15 分"的存钱罐里摇出一枚硬币就可以更正所有存钱罐的正确标签了。既然已知所有标签都是错的，那么这个存钱罐里的钱肯定不是 15 分——要么是两个 5 分钱的，要么是两个 1 角钱的。根据摇出来的硬币即可判断另一个硬币是什么面值。假定这里面放的是两个 1 角钱硬币，那么剩下两个存钱罐里就

还有三个 5 分钱硬币和一个 1 角钱硬币。而标有"10 分"的存钱罐不可能存有两个 5 分钱硬币（因为标签是错的），所以这个存钱罐里肯定是一个 5 分硬币和一个 1 角硬币。那么最后那个"20 分"的存钱罐就装有两个 5 分钱硬币了。

39
3 号牌。

40

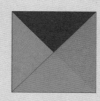

41
重叠起来，就可以构成一个六角星了。

42
切 4 次即可，如图。其实各块的长度就是二进制系统下的几个数字。

43

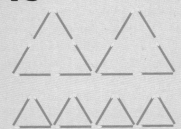

44
是可以的。如图所示，最多是可以放置32个马满足"只吃一子"的规则。

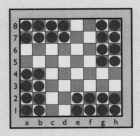

45
$1/6$。三顶帽子分配给三个人的方式有六种：ABC，ACB，BAC，BCA，CAB，CBA。

46
1至100之间具有12个因数的5个数字为：

① 60：1, 2, 3, 4, 5, 6, 10, 12, 15, 20, 30, 60

② 72：1, 2, 3, 4, 6, 8, 9, 12, 18, 24, 36, 72

③ 84：1, 2, 3, 4, 6, 7, 12, 14, 21, 28, 42, 84

④ 90：1, 2, 3, 5, 6, 9, 10, 15, 18, 30, 45, 90

⑤ 96：1, 2, 3, 4, 6, 8, 12, 16, 24, 32, 48, 96

47

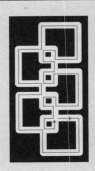

48

第2章

49

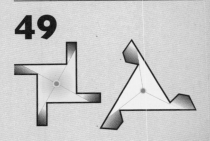

50 从几何学上看这个大城市的结构，连接 4 个途经点的最短路线需要经过 20 个方块（即街区）。同等距离的不同路径有 10000 种。

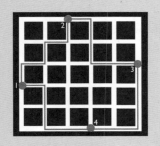

51 《平面国》的世界通过了一项法案，要求女性必须不断地扭曲和转向，这样的话大家就可以看到她们了。

52

53 下面的表格是正确的 16 个视图：

A/15 E/10 I/14 M/13
B/11 F/12 J/7   N/1
C/8   G/16 K/9   O/4
D/6   H/3   L/2   P/5

本题这种多视角问题需要解题时具备较强的空间感知能力和逻辑思考能力，将三维图形视觉化。

实际上，俯视视角和平前视角在建筑师的专业术语中，叫作平面图和前视图，各自呈现的内容是一致的。平面图呈现出建筑物在地面水平展开的图示。而前视图则是根据平面图的数据获得的建筑物平前视角。

同样的方法，建筑师提供的其他前视图则是建筑物的其他面，均为直观平视的图示，无透视。

54

55 最后两块都没有遵循这个规律。

56 红色的字母是在大写情况下仅沿竖直方向对称的字母，蓝色的字母是大写情况下仅沿水平方向对称的字母。

57 蓝色字母是在大写情况下可以沿水平方向及竖直方向对称的，红色的字母不具备对称性。

58

59 平行四边形没有对称轴，圆形的对称轴有无数个。

60 这些大写字母的对称性可以归于以下几类：

1. 仅沿竖直方向对称的字母：A, M, T, U, V, W, Y
2. 仅沿水平方向对称的字母：B, C, D, E, K
3. 竖直方向和水平方向都可以对称的字母：H, I, O, X
4. 仅有对称轴心的字母：N, S, Z
5. 不具备对称性的字母：F, G, J, L, P, Q, R

61 红色的字母不具备对称性。蓝色的字母有双重螺旋对称轴心。虽然有的形状和字母无法左右对称，但却有螺旋对称轴心。

62 立方体有 3 个四重螺旋对称轴，4 个三重对称轴以及 6 个双重对称轴。总体上，具备 N 重螺旋对称轴的意思是，将物体进行非全程旋转（即不到 360 度的旋转），在完成全程旋转过程中，如果旋转 N 次都可以得到同原形状一样的形状（比如旋转 $1/3$ 全程得到原图形，即称为三重旋转对称轴）。

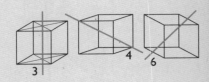

63

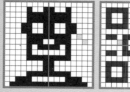

总体上，是否有什么规律，可以代表 N 条直接能构成的最大数量的互不重叠的三角形呢？用试错法可以最快发现一个规律，在 N=3，4，5，6 的时候，最大三角形的数量分别是 1 个，2 个，5 个和 7 个。当 N=7 的时候，就没办法使用试错法轻易得到答案了。到目前为止，对于任意数字 N 和三角形数量的关系尚未得到解答。

第3章

64

65

66

构成 7 个三角形的画法，如图所示。

67 可以尝试自己随意按此画出图形进行检验，你会发现交点确实都在一条直线上。这样的结果就叫作帕普斯定理。

68 这几组直线在旋转后会模糊为几个不同大小的同轴圆圈。这样的情况是有点不可思议，都是由视错觉造成的。你肯定曾经历过这样的视错觉，只是不明白其中的原理。其实大可不必沮丧，即便是研究人类知觉的科学家也无法完全摸清为什么直线会在视觉中扭曲成圆形。

这一错觉中最重要的元素是看不见的——所有圆盘围绕旋转的中心点。当转盘开始旋转的时候，你所看到的圆圈的半径，大致就是中心点同直线中点的距离。

69

上图所示的切法可以将蛋糕分成11块。可以总结出通用规律，在已切的次数中进行叠加次数，那么多加 N 次即可多出 N 块蛋糕。

切次	块数	总数
0	1	1
1	1 + 1	2
2	2 + 2	4
3	4 + 3	7
4	7 + 4	11
5	11 + 5	16

以此类推。

那么我们可以得出一个一般公式：对于任意切蛋糕的次数 N，所得到的蛋糕块数为 (N (N+1))/2 +1。

70
下图是 11 个三角形的画法。

71
下图是 15 个三角形的画法。

72
只有一个凸多边形：位于右下角的那个多边形。

那个像数字"8"的多边形同其他多边形都不一样，它有交点。

73

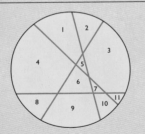

74

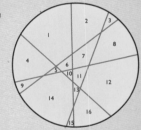

如果已经找出了一般规律（见上题），这道题就简单了：4 刀可以切出 11 块，那么在前 4 刀的基础上再多切 1 刀（即第 5 刀），即可多出 5 块蛋糕，蛋糕总共 16 块。

75

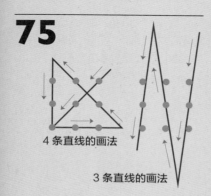

4 条直线的画法

3 条直线的画法

76

一旦发现了其中的规律，就可以在规律的基础上进行思维发散。如果之前已经解开了 9 个点的画法，那么大于 9 个点的此类问题解决起来就简单多了。对于这道题，5 条直线就够了。

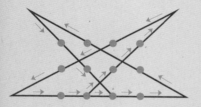

77

总体上，激光穿过格子的数量就等于盒子两条边长度之和减去两条边长数字的最大公约数。所以对于这道题，有：

$$10 + 14 - 2 = 22$$

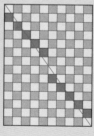

78

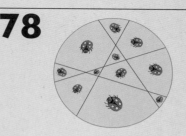

79

小狗拴在树上，那么以树为圆心半径 3 米以内的距离，小狗都是可以够得着的。而它的饭盆离树只有 1.5 米，只不过是在小狗所在的位置相反的方向而已，所以有 4.5 米。

80

多数人觉得最优答案就是三了。但如果三棵树是在陡坡或山谷地区，那么就可以将第四棵树放在坡顶或谷底，形成一个四面体。四面体是一个三维图形，由四个等边三角形构成，因此四个点之间的距离都是相等的。

81

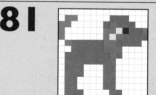

206

82

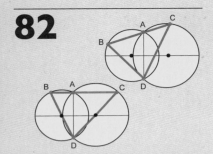

首先以 B、C、D 为顶点做三角形，然后可以发现，在保证线段 BC 穿过 A 点的情况下，将 B 和 C 在圆周上移动，角 BDC、角 DBC 和角 BCD 会始终保持大小不变。这就是说，要使得线段 BAC 最长，就必须要使得线段 BD 和 CD 最长。而线段 BD 和 CD 只有在成为各自所在圆的直径时最长，这个时候线段 BAC 最长。

此外，当 BD 和 CD 成为各自圆的直径时，线段 BAC 垂直于线段 AD。

83

看不到的那条蛇是绿色的。

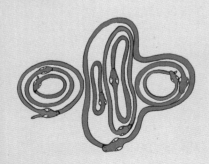

84

这又是一个跟直线、交点和结构限制有关的谜题。对于 N 条直线，最多可能有 (N (N－1))/2 个交点。也有可能交点更少，为 (N－1) 个，这种情况下所有的直线都平行分布，仅一条除外。

85

有且仅有八组两种距离点组合，如下图所示。各图中，红色表示一种距离，蓝色表示另一种距离。

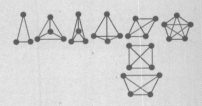

86

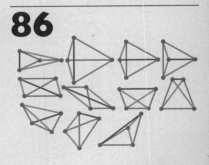

87

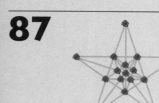

88

89

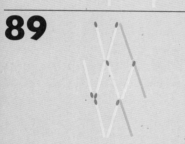

90 4 根火柴棍可以构成 5 种不同的图形。而 5 根火柴棍可以构成 12 种不同的图形。

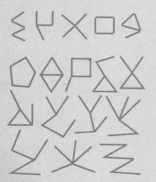

91

图中所示的答案使得同一平面上的 12 根火柴产生 8 个交点。如果不是平面而是立体空间，则可以用 6 根火柴产生 4 个交点，摆成三棱锥的结构。

92

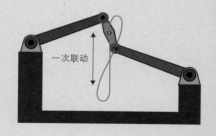

93 下图所示的连接装置即著名的瓦特连动装置的图解，白点的运动轨迹类似于数字"8"。这种曲线名为"伯努利双纽线"，曲线的其中一段其实是直线。

94

轨迹近似一条直线。

第4章

95
要想见到朋友，下方的瓢虫只能通过图表顶部的红花，所以红色的花必然代表上行。

不同颜色的花代表不同的方向，既然上行已被红色花占用，所以紫色必然不代表上行。而如果紫色代表下行，那么瓢虫的第一步就会走出图表，也不对。如果紫色代表左行，那么瓢虫走到黄花上，而黄花不能是上行和左行，只能为下行或右行。而如果是右行，则再次回到紫花上，变成左右无限循环！因此紫色只能代表右行。

走到这一步，那么剩下就简单了，蓝色代表左行，黄色代表下行。

96
一个带木头假腿的海盗推着一台两轮车，海盗的狗在旁陪行。

97

98
莱昂哈德·欧拉在解决了哥尼斯堡七桥问题之后，他就发现了解决此类问题的一个通用规律。秘诀在于数出从各个交点或连接点出来有多少条路径。如果超过两个交点都各自具有奇数条路径，那么这个图形无法绘出。

在本题中，图形4和图形5无法绘出。

如果是正好两个连接点具有奇数条路径，那么图形可以绘出，但是前提是要在那两个连接点处下笔和收笔。图形7就是这样的情况，必须从底部两个角之一开始下笔，并在另一个角收笔。

99
哈密顿回路：1-5-6-2-8-4-10-11-9-3-7-1。

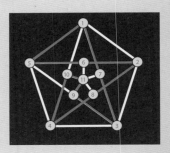

100

共有 10 种可行的通路。

101

102

可以走完，但必须从下图两个蓝色的点之一开始，并在另一个蓝色的点结束。

103

虫子最长的路线长度为22厘米，如图所示。

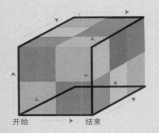

开始　　　结束

104

谜题大师萨姆·罗伊德首次发布他的火星谜题是在 1907 年的《我们的谜题杂志》上，当时有一万多名读者写信给他，说他们尝试了各种办法后发现"这道题无解"。其实这一万多名读者已经给出答案了——这道题无解（THERE IS NO POSSIBLE WAY）。

105

106

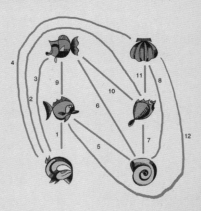

107

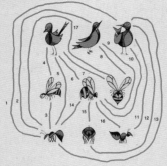

108

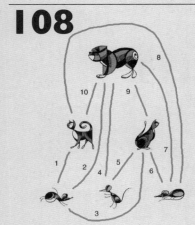

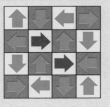

109

每一横排及每一纵列的箭头都指向不同的方向。

110

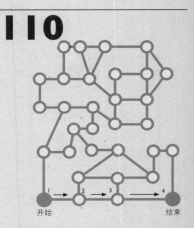

开始　　　　　　　　　　结束

111

3号电路板。

112

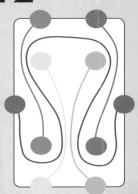

113

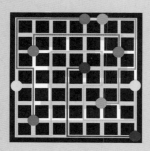

114

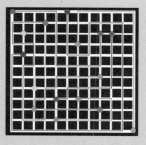

116

可以移动5号线让其仅穿过另外一条线，这样产生9个交点，这是将7个点相连的产生最少交点的方法。

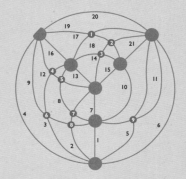

117

115

考虑立方体的对称性之前，这些箭头有4096（4^6）种画法。而减去那些因对称而相同的画法之后，就剩下192种画法了。

118

连接四个点的十六种树形图如下图所示。

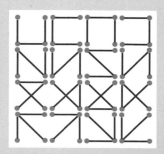

119 右图是一种解法。也有其他的解法，但所有的解法都会产生 18 条线段。

对于珠子和连线，所有正确的解法都必须能按图中的方式悬挂起来，而且每一颗珠子都只通过一根线悬吊。因此所需的线（或称连线、枝干）正好就等于珠子的总数减 1。

无论怎么画，这都是所需的最大和最小连线数量。

120 每一排和每一列都包含指向 8 个主方向的箭头。

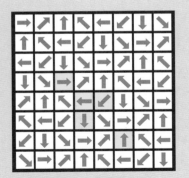

121 通路顺序：5, 1, 2, 4, 3

122 下方的图表表示出一物追逐另一物的路径，这种预判路径有一个有意思的名字：追踪曲线，或曳物线。

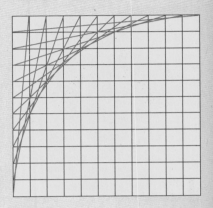

123 ① 圆形井盖不会意外从洞口掉落。而方形或其他多边形井盖会。② 井盖很重，而圆形便于滚动至指定地点，而其他形状无法滚动，只能通过其他方式运输。③ 圆形井盖可以以任意方向盖住洞口，而方形井盖必须将四个角对齐了才能盖得住。

124 圆木周长为 1 米，则滚动一周向前移动 1 米，重物与圆木的轴心相对位置不变，所以重物的移动距离也是 1 米。

125

两个红色月形的面积之和，正好也是两个小半圆形未被大黑色半圆盖住的部分，等于直角三角形本身的面积。

尽管圆本身无法方形化，但其他以圆弧做边的图形可以。此事实给那些依旧想将圆形方形化的人带来错误的希望。

126

红色部分的面积要比黑色部分的面积大出 0.3 倍多一点儿。你会觉得视觉上看黑色的面积更大，这是由视错觉造成的。

127

分成四块

分成三块

128

大圆的面积是小圆的两倍。这样解释简单一些：从正方形中心点做出的对角线长度，等于正方形中心至正方形任意一边中点的距离 2 倍的平方根。之前做出的对角线就是大圆形的半径，中心至正方形任一边中点的距离就是另一个圆的半径。而圆的面积同半径平方之间是有比例关系的，所以大圆的面积是小圆面积的两倍。

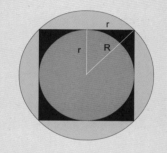

129

镰刀形的面积等于图中直径为 L 的圆的面积。

著名古希腊科学家阿基米德是第一个解出这个问题的人，所以以他的名字命名。

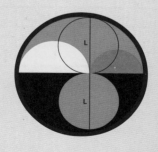

130

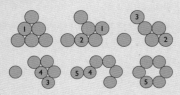

131

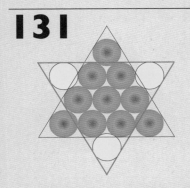

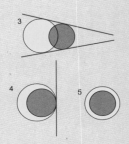

133

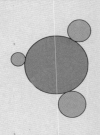

132

在平面中，两个圆有五种不同的相对位置。

如下图，共有十条公切线。

是的，会有变化，如果两个圆完全相同，则图4和图5不存在。

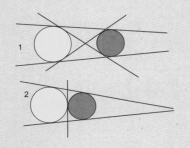

当三个黄色的圆变得极限大时，就成了三角形的三条边。红色的圆则内切于三角形中。

134

这5个点可以构成12种多边形。其中有一个凸多边形，一个星型。剩下的多边形可以分为2组——5个不同方向的2种凹多边形。

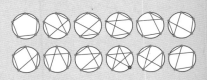

135
圆的颜色取决于其接触的圆的数量。

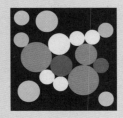

136
多种解法的其中一种。

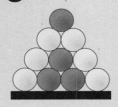

137

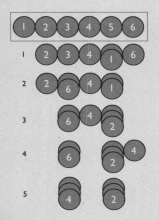

138
每个三角形都具备这一特性。这九个点构成的圆是外切圆（即穿过三角形三个顶点的那个圆）大小的一半，而这个圆的圆心正好在外切圆圆心至垂心连线的中点位置。

139
需要六个相同的圆，如图所示。

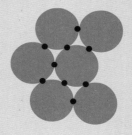

140
红色圆的直径 = $\frac{1}{2}$ 黄色圆的直径 = $\frac{1}{4}$ 绿色圆的直径 = $\frac{1}{4} \times (2 - \sqrt{2})$，或约 $\frac{1}{6}$。

141
切线的三个交点总是在一条直线上。可以把这几个圆形想象成同一平面上三个不同大小的球体，这些圆之间的线条视作透视线，都会在地平线远端汇集。

142
由于圆石特别大，所以隧道的墙和地面之间存在不小的安全空间。他可以挤进那个安全空间之中等圆石滚走之后再撤离。

143
最佳答案：

第一次翻转：1，2，3，4，5
第二次翻转：2，3，4，5，6
第三次翻转：2，3，4，5，7

144
如果一个硬币围绕另一枚硬币滚动，一般人可能都觉得是滚动一圈，其实不然，是两圈。本题中，硬币滚动两个完整圆周（每个硬币三分之一圆周），也就是四转。

回到起始位置后，硬币上的头像依旧朝左。

145
很奇怪，这个点的轨迹是一条直线——正好是大圆的直径。

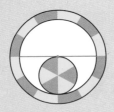

146
飞机距离北极点50公里。在飞机向东飞行的整个过程中，其相对于北极点的距离保持不变。

147
圆柱体的体积正好等于球体和圆锥体体积之和。这是一个决定球体体积的基本定理。阿基米德认为这是自己这辈子最大的成就之一。

高度、半径相等的圆锥体、球体和圆柱体，三者之间的比例特别优雅：1:2:3。

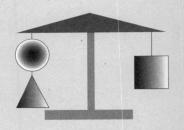

148
对于这道题，直觉会认为2米相对于地球的周长来说实在是微不足道，所以这根腰带肯定很难挪动。但其实直觉是错误的。

可以用一个简单的分析来释疑。地球的周长等于2π乘以地球半径，而腰带的长度等于2π乘以地球半径加上离地高度之和。如果这两个长度之间只有2米的差距，那么有：

$2\pi(r+x)-2\pi r=2$米

$2\pi r+2\pi x-2\pi r=2\pi x=2$米

$x=1/\pi$米（约0.33米）

除了地球之外，任何球体都可以得出相同的答案，就算是乒乓球也适用。

149
最短的轨道——直线——并非最快的轨道。沿摆线滚下的小球会最先抵达下方终点。还有一个让你觉得意外的事实：摆线的这条轨道长度是最长的。

摆线被称为最快下降曲线，也叫最速降线或捷线。沿摆线路径下降的小球在下降的前期即可获得高速，利用这一高速跑赢其他小球。

150 想象这四切在球体中部形成了一个四面体。在四面体的基础上，球体分为如下几个区域：四个顶点各一块，六条边各一块，四面体的四个面各一块，四面体本身算一块。一共十五块。

151 假设可以将圆柱体切开平铺，如下图所示。根据勾股定理：

$$c^2 = a^2 + b^2 = 9 + 16 = 25 \text{ 米}$$
$$c = 5 \text{ 米}$$

因此绳子的长度为 4×5 米，即 20 米。

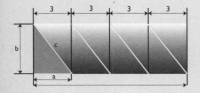

152 摆线形成的区域面积为圆面积的三倍。当年这个结论首次确认时，着实震惊了数学界。

这条摆线弓形的长度（线的一端至另一端），是圆直径的四倍。这个发现同样让人吃惊。数学家们之前很肯定这个长度会是一个无理数，跟圆的周长一样。摆线作为曲线，要远比圆复杂得多，因此，这个长度值最后却如此简单，难怪会引起轰动。

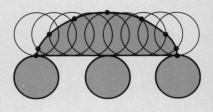

153 球体和圆柱体表面积一样：都是 $4\pi r^2$。

154 ① 沿底部平行切割，可以得到圆形；② 沿圆锥坡面平行线切割，可以得到抛物线；③ 沿倾向圆锥中轴线大于锥面半垂线的角度切割，得到椭圆形；④ 沿倾向圆锥中轴线小于锥面半垂线的角度切割，得到双曲线。

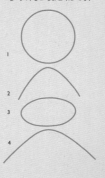

155 问题就在于从剑鞘中拔剑。波浪形的那把剑是无法从剑鞘中拔出的，其他几把剑都可以从剑鞘中拔出，不过螺旋形状的剑只能像拧螺丝一样慢慢"拧"出来，这个过程非常耽误时间，对于紧张的战事非常不利。

第6章

156 粉色的图形是唯一同其他不同的多边形：它的各边和各个角不完全相同。

157

---

158 最后的结果总是为1。这个计算过程，点的数量 − 边的数量 + 图形数量 =1，这就是欧拉公式。这是数学中的一个重要的关系公式，同时也是一个把复杂问题简单化的非常经典的例子。

---

159 丢失的数字是5。各多边形凸角上的数字之和，正好是各多边形凹角上的数字之和的5倍。

160 理解本题的关键在于，对于任意矩形，当其由对角线分成两部分时，这两部分的面积相等。对于一个 1×2 的矩形，按对角线分出的两部分面积均为 1。图中，有 9 个正方形是由对角线分开了，也就是说橡皮筋围住这几个矩形的总面积有 4.5 个平方单位，没有围住的也有 4.5 个平方单位。而中间部分有 3 个完整正方形，面积为 3 个平方单位，总共加起来一共是 7.5 个平方单位。

---

161 解开本题的第一步，需要将内侧的六边形进行旋转，使得其各个角接触到外侧六边形的六条边。接下来将内侧的六边形分成六个等边三角形，再把这六个等边三角形各自分成三个等腰三角形。现在就很明显了，内侧六边形未覆盖到的、外侧六边形剩下的这六块图形，同内侧六边形分出来的小等腰三角形的面积相等。可以轻易得出，外侧六边形的总面积为 4。

162 四个点并不够。想象三角形内部加一个点你就明白了。需要五个点才可以确保构成一个凸四边形。这一事实在 1935 年首次由鄂尔多斯 – 塞凯赖什定理证明得出。如果用橡皮筋将五个点进行连接，那么会有三种不同的情况：

① 橡皮筋构成一个凸四边形，第五个点落在图形内部。

② 橡皮筋构成一个五边形，连接任意两个顶点可以得到一个凸四边形。

③ 橡皮筋构成一个三角形，有两个点落在图形内部。用一条直线将内部两个点连起来，在这条直线的一边有一个三角形的顶点，在另一边则为两个顶点。将同一边的两个顶点相连，连同刚才连接内部两个点的直线，可以构成一个凸四边形。

163 正好 15 个相互重叠的、同等大小的等边三角形。如果要把因重叠而形成的三角形也计算在内，那么一共有 28 个三角形。

164 两部分的面积一样大。所有小三角形的总面积同大三角形的面积是相等的，白色的重叠部分在两部分所减去的面积是一样的。

165 是的。这样的结果着实神秘而出乎意料，于 1899 年首次被英国数学家弗兰克·莫雷发现。因此将其命名为莫雷三角。

166 一共有 27 个三角形。总体上，一个三角格所包含的不同大小的三角形数量存在以下顺序规律：1, 5, 13, 27, 48, 78, 118……三角格越大，三角形越多。对于一个具有偶数层的三角格，数量公式为：

$n(n+2)(2n+1)/8$

如果是奇数层，则数量公式为：

$[n(n+2)(2n+1)-1]/8$

167

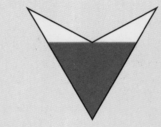

168

169

要使得围出的面积最大，这两块板要打开至 135 度。围出的图形正好是一个正八边形的 ¹/₄。

170

三角形同六边形的面积之比为 2：3。

171

172

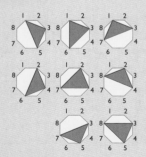

173

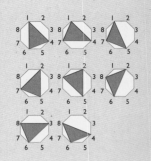

174

如图所示，只需要切割一次即可。将切割下来的三角形组合到平行四边形的另一侧，即可变成矩形。

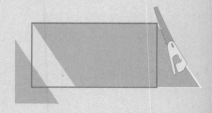

175

总体来说，对于任意一个凸 N 边形，需要做 N-3 条对角线才能将其分成若干三角形，而 N-3 条对角线可以形成 N-2 个三角形。所以对于七边形，需要 4 条对角线可以分出 5 个三角形；九边形需要 6 条对角线，分出 7 个三角形；而十一边形需要 8 条对角线将其分为 9 个三角形。

178

图形 (T) 的面积 = 图形 (JLNM) 的面积 - 图形 (JKM) 的面积 - 图形 (KLN) 的面积 $=(a+b)(2a+2b)/2 - ab - ab = a^2 + b^2 = EB^2 =$ 图形 (S) 的面积。

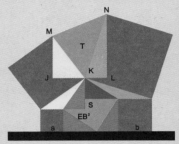

176

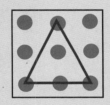

177

一个简单的解法，将墙围成一个十四边形。另外还有一种解法所围出的地面面积最小，就是将墙围成一个七角星形。

可转动的监控摄像头

179

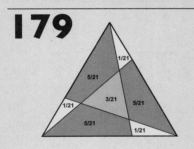

每一条三等分线将三角形分成 1/3 或者 7/21，然后再分成三个部分，现在直接通过观察就可以轻易发现只能是 1/21，5/21 和 1/21。然后中间的三角形是 3/21。

180

要使用彩条组成三角形有一个必要条件，就是任意两条边之和要大于第三条边。绿色组和蓝色组的彩条无法满足这个要求，所以无法组成三角形。

181

四个摄像头就够了（请见下图中的红点）。安置的方法还有很多种。

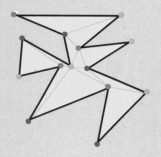

182

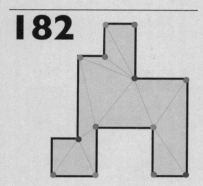

解法请见图中的三个蓝色点。

183

任意三角形均可实现。题中的示例所构成的三角形处于图形内部，几个三角形的顶点所构成的新三角形，其中心点同最开始画出的三角形中心点位置一致。

184

不相同。1号蛋糕和3号蛋糕的切法可以使得两组蛋糕同样多，但2号蛋糕红色组得到的蛋糕量更多。

如果切割的次数是大于等于4的偶数，那么面积（即蛋糕量）总是相等的。

如果切割的次数是小于4的奇数，蛋糕量就不相等了——除非切割的路线通过中点，如1号蛋糕的切法一样。

本谜题来源于1968年由 L.J. 帕普顿发现的"披萨难题"，而这一难题在1994年由拉里·卡特证出。

185

顺序为：黄色—橙色—红色—粉色—紫色—淡绿色—深绿色—淡蓝色—深蓝色—黄绿色。这个顺序也是按照多边形的边数量按升序排列的，从三条边的三角形到十二边形。

186

要解开这道题，首先需要在两点之间连线，如图所示将1和2连起来。接下来从3做直线垂直于线段1-2，且长度同线段1-2一致。将从3做出的直线另一端标为5，那么5这个点必然在正方形的一条边上。

通过4和5做一条直线，此外通过3也做一条直线同4-5的直线平行。接下来通过1和2分别做两条直线同

答案 223

之前的两条直线垂直，这样正方形就画出来了。

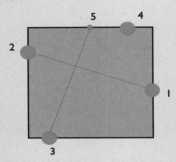

187 一共有 21 个正方形。

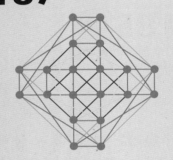

第7章

---

188 可以组成三个单词。首字母可以任选，第二个字母从剩下的两个字母中二选一，第三个字母则是剩下的那个字母。3×2×1=6 个不同的组合，如下：

OWN, ONW, NOW, NWO, WON, WNO。

对于 N 个字母、数字或物体，存在的不同的组合数量按以下公式计算：

n×(n－1)×(n－2)×……3×2×1

这种算法叫作阶乘，简写为 N!。

---

189 既然每组有四个孩子，那么在要求每个女孩旁边都是女孩的前提下，一共有六种排列方式，如图所示。当然，一组四个男孩没有女孩也满足这个要求。

190

191 两种解法如下：

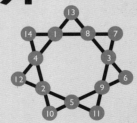

224

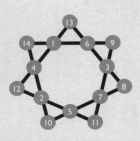

195

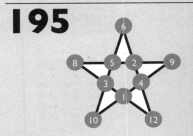

192 对于三个物体来说只有六种组合方式。排在最左侧的水果有三种不同的选择，然后剩下的两种水果如果要排在中间位置，只有两种不同的选择，然后最右侧的水果只有一种选择。

所以：3×2×1=6。

将一种排法更换到另一种的过程，就叫作排列。

196

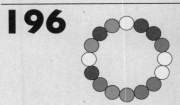

数学家将其称为双序的通用循环。对于任意数量的颜色或物体都通用。这个循环中的组合数量就是颜色数量的平方。

193 有 16 种不同的组合：

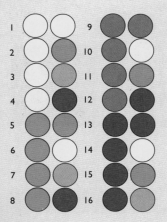

197 这是多种解法中的一种：

2	1	4
3	5	7
6	9	8

198

12	1	18
9	6	4
2	36	3

199

3	1	2
9	6	4
18	36	12

200

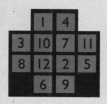

201

有两种解法，如下图所示。在丢勒这个"魔性十足"的正方形中，可以找出多组数字加起来等于所需的常数。举个例子，左上角的2×2四个格子中的数字：16，3，5和10加起来也等于34。

16	3	2	13
5	10	11	8
9	6	7	12
4	15	14	1

16	5	2	11
3	10	13	8
9	4	7	14
6	15	12	1

202

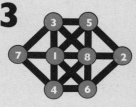

14	10	1	22	18
20	11	7	3	24
21	17	13	9	5
2	23	19	15	6
8	4	25	16	12

203

204

-1	3	2	-4
5	-7	-6	8
-8	6	7	-5
4	-2	-3	1

上图是多种解法中的一种。这道题也是源自"丢勒幻方"（第201题），将每个大于8的数字减去17。

205

2	9	4
7	5	3
6	1	8

全部9个数字之和为45；这样的话，分布到三排或三列中，得出那个"魔幻常数"为15。

总体上，对于任意数量的行或列组成的幻方，这个常数不用通过将所

有数字相加即可得到。对于任意行的
数量 n，魔幻常数的计算方式为：

$(n^3 + n)/2$

要解开洛书谜题，首先需要想到，
和为 15 的 3 个数字的数列有 8 种：

9-5-1；9-4-2；8-6-1；8-5-2；
8-4-3；7-6-2；7-5-3；6-5-4

正方形中间的那个数字需要用到
4 次（中间行、中间列以及两条对角
线）。而从上面的组合中可以发现，
数字 5 是唯一出现在四种组合中的数
字，所以中间的数字必然是 5。此外，
数字 9 在上面的数组中仅出现了 2 次，
那么 9 必然是在某一行或某一列的最
中间。然后把数字 1 加入，那么 9-5-1
这个数组就可以填入了。同样，数字
3 和 7 也只存在于两个数组中，所以这
两个数字也必然是在某一行或某一列的
最中间。剩下的数字只有一种填法——
完美地证明了洛书填法的唯一性。

208

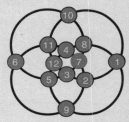

206 下图显示了翻起来之后
的折页。

207 有十五种不同的组合。
对于任意一只猩猩都可
以从三头驴中任选其一配对，所以就
有十五种组合。

209 解法有无数种，下图为
其中两种。

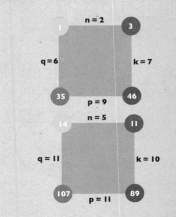

210

211

n = 5; k = 11; p = 12

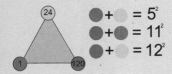

212

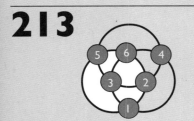

213

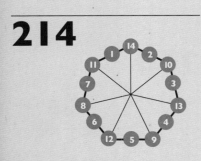

214

215

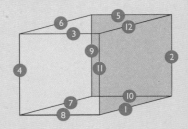

216

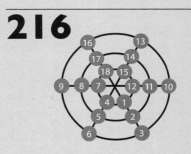

217

下图为两种解法：

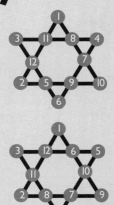

228

218

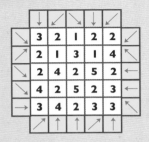

219

全部 19 个数字之和为 190，可以被 5 整除，而且各个方向上各有 5 个平行排，所以这道题中的常数为 190 除以 5，即 38。

总体上，对于任意一个共有 N 个格子的六边形蜂巢形阵列，都可以将一组从 1 到 N 的正整数填入其中，使得每一排的数字之和都为同一个常数——也就是魔幻常数。

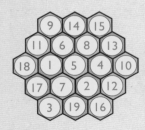

解析如下。边长为 3 格的魔幻六边形是存在的，但边长为 2 格的则不存在。因为边长为 2 格的六边形共有 7 个格子，而数字 1 至 7 之和为 28，而 28 除以 3（3 代表各个方向上排

的数量）的结果不是整数。同样的道理，边长为 4 格和 5 格的魔幻六边形也是不存在的。实际上，曾经有一个复杂的证明过程曾确认，任何边长大于 3 格的魔幻六边形都是不存在的。更让人吃惊的是，图中所示的解法是唯一一种解法，在 1910 年为人发现。

220

下图中的箭头显示出每一排的图样中黑色方块的移动方向。每一排中丢失的黑色方块用红色显示。

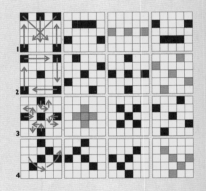

221

下图中黄色的点代表菠萝，红点代表苹果。用三个碗分装两种水果，共有九种不同的方式，如下图所示。

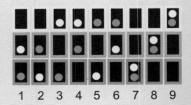

222

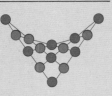

223

是可以完成的，不过单色的多米诺骨牌需要放置在下方所示黑色的方块其中之一的位置。

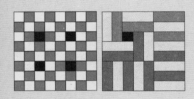

第8章

224

225

226

227

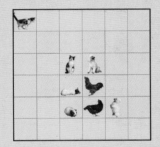

228

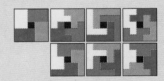

229

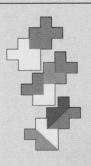

230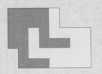

237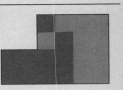

231

238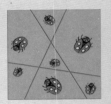

232

239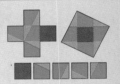

233

234

240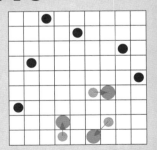

235

236

241
可以切割成四块组成所需的两个正方形：一块组成 3×3 的正方形，剩下三块组成 4×4 的正方形。

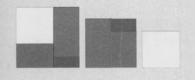

242
切断 7 段绳子即可。

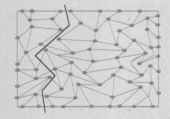

243

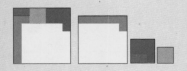

244
这几块图形是连在一起的——如果都朝一个方向旋转，可以重构成一个等边三角形。如果都朝相反的方向旋转，可以重构成一个正方形。

发明这种娱乐性数学玩法的人叫作亨利－额尔尼斯特·杜德尼，英国最知名的谜题设计家。杜德尼出生于 1857 年，他在集合分割问题上取得超常的成功并创下多项纪录。而这道题则是其最著名的成果。

245
可以放入 9 块，如图所示。

246

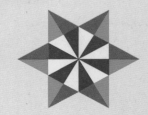

247 要完全覆盖这个 11×11 的等边三角形，需要将其分割成 11 个小等边三角形。下图是一种解法。

248 图表可以搭建出的最大炮孔数量无法超过多米诺骨牌的数量。实际上，如果图表的一边长度可以被 3 整除，那么最大的炮孔数量为两边的乘积除以 3。

249

250

251

252

253 未覆盖到的空格可以处于空板上的任意位置。下图是三个示例摆法，通过对称和旋转，可以使得白色空格移动到空板上的任一位置。

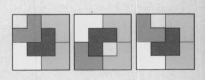

254 在第一个和第三个图样中，三角形约有 $\frac{3}{4}$ 的面积被覆盖到了。另外两个图样中覆盖到的面积少得多。

255

需要 16 个小 "T" 形。

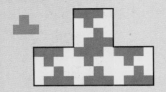

256

几何学上有一个最不合常理的事实，那就是只有三种正多边形可以通过拼贴方式铺满一个平面——等边三角形、正方形以及正六边形。

这种正多边形拼贴只有几个图形能完成，背后有一套优美的逻辑支撑。在正多边形拼接处的各个顶点的位置，顶点所形成的角之和必须为 360 度。那么能完成拼合的正多边形，必须满足这样的条件，即其内角角度必须是 360 的因数。

由于等边三角形各内角为 60 度，六个内角之和即为 360 度，可以在同一个点汇集，所以能够完成拼合。

由于正方形各内角为 90 度，四个内角之和即为 360 度，可以在同一个点汇集，所以也能够完成拼合。

正五边形各内角为 108 度，而 108 并不是 360 的因数，因此五边形无法完成拼合。

正六边形各内角为 120 度，三个内角之和即为 360 度，可以在同一个点汇集，所以也能够完成拼合。

接下来需要的内角数量是两个，即每个角要达到 180 度，这就不算是拼合了，而是对半切。因此，只有等边三角形、正方形以及正六边形可以完成拼合。

257

下图所示为 5 个相同正方形进行拼接的 12 种不同的方法。这种形状叫作五连方拼图。

258

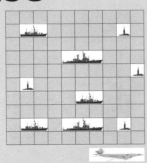

神奇的数学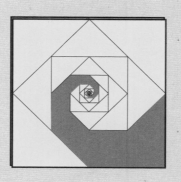

517 个开发大脑潜能的数学谜题

[英] 伊凡·莫斯科维奇◎著

刘萌◎译

北方文艺出版社

目录

第4章 科学 ——————————————————————— 111

第5章 附加奖励题 ·································· 149

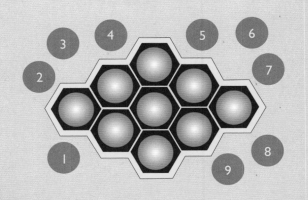

数字

　　数字就是符号，可以代表物体，通过排列组合也可以产生模式。最简单的模式就是数列，即将数字按一定的顺序排列在一起；更进阶的模式叫作序列，就是数列中数字的总和。要识别这些数列和序列通常难度都很大。本章将给你带来数字的逻辑和乐趣，帮助你加深对数字的认知。

六边形数

　　下方列出了一组六边形数（即能排成正六边形的多边形数）的前四种，序列数字分别为1、7、19、37。请观察这组序列数字有何特点，并算出这个序列中的第五个六边形数。

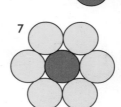

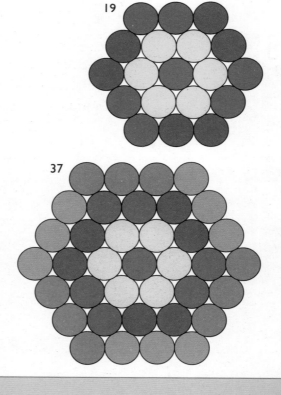

2

难度值：●●●●○○○○○○
完成：□ 时间：_____

数字平方

　　相同的两个数字相乘，叫作这个数的平方。下方列出了一组六个平方数的前五种。请观察这六组连续的平方数，并计算出第七个平方数。

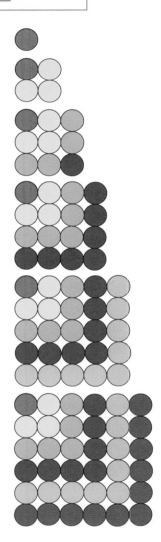

三维有形数

平面的有形数同样也可以在三维立体面上体现，即将数字用球体堆叠成三维金字塔，三棱金字塔构成四面体数；四棱金字塔构成四角锥数。

前三个四面体数为1、4、10。

前三个四角锥数为1、5、14。

观察这两组序列之间的差异和各自的特征，并找出两个数列的下一个数字。

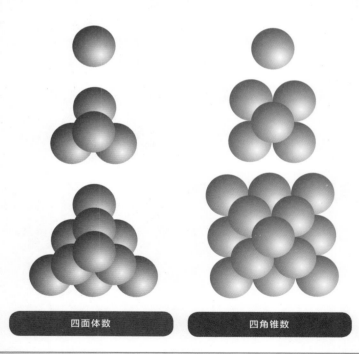

四面体数　　　　　　四角锥数

4

拉格朗日定理

一个著名的数字理论是这样表述的：每个整数都可以用最多四个整数的平方和来表示。这句话也可以用图形来表达：观察这两个矩形，一个由十二个正方形组成，另一个由十五个正方形组成。那么这两个矩形各自如何分成四个较小的正方形？

12

15

5

高斯算数

卡尔·弗里德里希·高斯6岁的时候（1783年），他的老师出了一道题，要求学生们将1至100之间所有的数字相加求和。

老师本以为这样的计算能让全班的孩子忙活一阵子，但可惜遇到了高斯，年幼的他仅用了几秒钟就把答案算出来了。高斯注意到这个序列存在一定规律，用一个简单的办法在脑子里稍做计算就得出了答案。当然了，拥有如此灵活的大脑，高斯后来果然成为德国最杰出的数学家和科学家之一。

你能想到高斯是用什么方法得出答案的吗？

6

难度值：●●●●○○○○○○
完成：□ 时间：＿＿＿＿

摘苹果

　　如果5个采摘员在5秒钟内能摘5个苹果，那么若需要在1分钟之内摘60个苹果，需要多少个采摘员？

7

难度值：●●●●○○○○○●
完成：□ 时间：＿＿＿＿

堆砌顺序

　　请将下图中的八个色块按照下述四个要求进行堆砌：
　　1、两个红色方块之间只能放一个其他色块；
　　2、两个蓝色方块之间必须放两个其他色块；
　　3、两个绿色方块之间必须放三个其他色块；
　　4、两个黄色方块之间必须放四个其他色块。
　　请找出堆砌的方法。

8

难度值：●●●●●●○○○○
完成：□ 时间：_____

页码数字

你从一份报纸中拿出了一页，发现第8页和第21页在同一张纸上。据此推断，这份报纸总共有多少页？

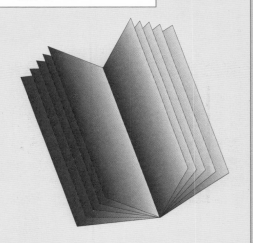

9

难度值：●●●●●○○○○○
完成：□ 时间：_____

正方形求和

如图，数字1—9放入一个方形格图中，使第一行的数字加上第二行的数字正好等于第三行的数字。你还能按照这个格式找出一组数字填入方形格图中吗？

$$\begin{array}{r} 2\ 1\ 8 \\ +\ 4\ 3\ 9 \\ \hline =\ 6\ 5\ 7 \end{array}$$

难度值：●●●●●○○○○○
完成：□ 时间：_____

瓢虫上的点

我女儿喜欢养瓢虫。这些瓢虫中8只身上有红点，1只身上没有点。假如她养的瓢虫中有55%身上有黄点，那么她所养的瓢虫数量至少有多少？

11

难度值：●●●●●○○○○○
完成：□ 时间：_____

八张牌

只更换两张牌的位置，使下面两列数字之和相等。

1	3
2	4
7	5
9	8

12

难度值：●●●○○○○○○○
完成：□ 时间：＿＿＿＿＿

数字卡（一）

下图中有四张卡，每张卡上有三个空圆，请将数字1—6填入所有空圆中，使任意两张卡上都有且仅有一个数字相同。

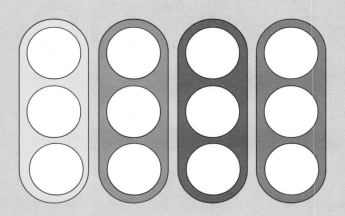

数字卡（二）

　　下图中有五张卡，每张卡上有四个空圆，请将数字1—10填入所有空圆中，使每个数字仅出现两次，且任意两张卡上都有且仅有一个数字相同。

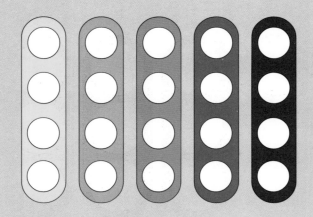

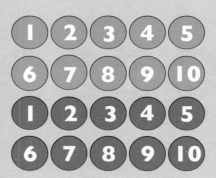

数字卡（三）

下图中有六张卡，每张卡上有五个空圆，请将数字1—15填入所有空圆中，使每个数字仅出现两次，且任意两张卡上都有且仅有一个数字相同。

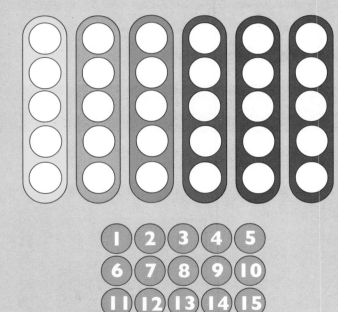

十位数数字

使用数字0—9，一共可以组成多少个十位数的数字？（第一位数不可以用0。）

1,234,567,890

数字矩阵

观察此矩阵，将丢失的数字填入。

1	1	1	1
1	3	5	7
1	5	13	25
1	7	25	?

魔幻数方

请使用数字1—9填入下方的空格中，使每个等式成立（等式的顺序为从左至右、从上至下）。

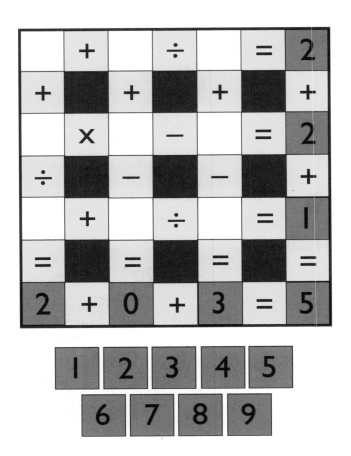

18

除法

可以被1，2，3，4，5，6，7，8和9整除的最小数字是多少？

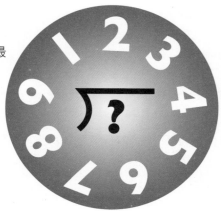

19

生日蜡烛

自出生以来的每一次生日当天，我都会收到一个生日蛋糕，蛋糕上插的生日蜡烛数量同我年龄一致。到现在为止我已经吹灭了210支生日蜡烛了，请问我多少岁？

20

难度值：●●●●○○○○○○
完成：□ 时间：_____

斐波纳契数列

下方是著名的斐波那契数列的起始部分。在13世纪，意大利数学家列昂纳多·斐波那契首次发现这一数列，并证实这一数列在自然界非常普遍。雏菊、向日葵和鹦鹉螺的生长方式都是按照这一数列的螺旋方式进行的。

请观察下图的数列，填出下一个数字。

21

难度值：●●●●●●○○○○
完成：□ 时间：_____

数列（一）

观察下方的数字序列，找出其中的逻辑规律并填写出数列的下一个数字。

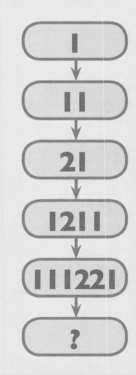

22

蜂巢计数

右图蜂巢中丢失了4个数字，请问是哪4个？

23

数列（二）

请找出数列中的逻辑规律并填写出下一个数字。

24

持续数列

观察下图的数列，找出其中的逻辑规律，填出下一个数字。

77 ➤ 49 ➤ 36 ➤ 18 ➤ ?

25

年龄差异

我有一个朋友，在儿子出生后没多久就开始从事专业魔术师工作，到现在已经超过45年了。最近他跟我说他的年龄和他儿子的年龄，数字是相反的。如果他比儿子大27岁，请问他和他的儿子分别是多少岁。

26

难度值：●●●●●○○○○○
完成：□ 时间：______

了解时间

一个智能数字时钟程序出错，出现了下图这样的显示，而这个时候的实际时间是9:50。请将下图的负号“—”挪到合适的位置，使其显示的时间正确。

-101010

27

难度值：●●●●●●○○○○
完成：□ 时间：______

丢失的数字

在下图的白色空格中填入数字1—9，使数学运算成立。

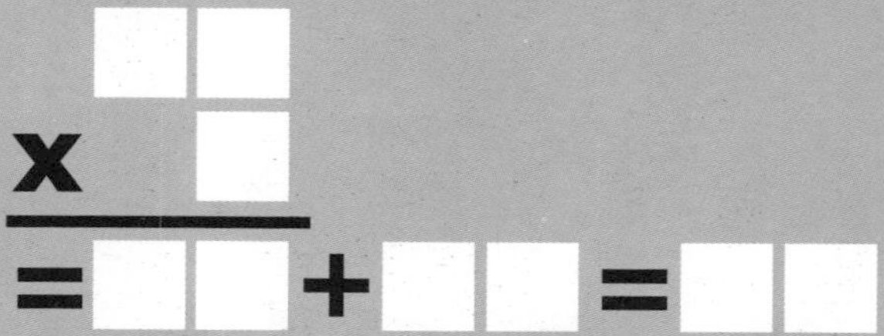

28

分酒

　　桌上有14个红酒杯，其中有7个杯子倒满了酒，另外7个杯子倒了一半。在不改变任一酒杯中酒量的情况下，请将所有酒杯分成3组，各组总酒量都相同。

29

拼图

　　一个拼图玩具有100片，请问要完成这个拼图最少需要多少步？（我们将 "一步" 定义为：将两块拼好的图块拼到一起，或者将一片拼图拼到另一个大的图块上。）

30

难度值：●●●○○○○○○○
完成：□ 时间：______

加一个数字

如下图，给170和30各加上同一个数字X，这个X应该是多少才能使这两组数字运算之后的数字比为3:1？

$$\begin{array}{r}170\\+X\\\hline Y\end{array}\qquad\begin{array}{r}30\\+X\\\hline Z\end{array}$$

$$\frac{Y}{Z}=\frac{3}{1}\qquad X=?$$

31

难度值：●●●●●●○○○○
完成：□ 时间：______

正确的等式

请将下方等式中的其中一个数字移动到其他位置，使等式成立（不允许移动运算符号）。

$$62-63=1$$

32

修道院难题

请将数字0—9放入下方的方格中（黑色方格除外）。所有的红色方格必须放入同样的数字，所有的黄色方格必须放入同样的数字，每一侧（横向、纵向）的数字之和必须为9。除了下图所示的填法之外，你还能找到多少种填法？

3	3	3
3		3
3	3	3

33

红花和紫花

花园里一共有四十朵花，分红色和紫色两种。任意摘两朵，都至少会有一朵是紫色的。请问花园里红色的花有多少朵？

34

难度值：●●○○○○○○○○

完成：□ 时间：＿＿＿＿＿

红花、黄花和紫花

　　花园里有红花、黄花和紫花。任意摘三朵，其中都会包含至少一朵红花，至少一朵紫花。据此推断，花园里共有多少朵花？

35

难度值：●●○○○○○○○○

完成：□ 时间：＿＿＿＿＿

数动物

　　在动物园，我看到了鸸鹋和骆驼。据说动物园里这两种动物全部加起来共有35个头，94只脚，请问鸸鹋和骆驼各有几只？

36

难度值：●●●○○○○○○○
完成：□　时间：_____

动物总动员

我去了一次动物园，一共数出来36个头和100只脚。那么请问飞禽和走兽各有多少只？

37

难度值：●●●●●●●○○○
完成：□　时间：_____

三人行

你的朋友圈里共有9人，你想请他们一起吃饭，一次请3人，在接下来的12个周六全部请完。应该如何安排各次邀请的人，才能使任意两人都只见一次面？

凯特
大卫
露西
艾米丽
简
西奥
玛丽
詹姆斯
约翰

一猫九命

以下谜题源自古埃及。

一只猫妈妈已经使用了自己9条命中的7条，它的孩子们有的用了6条，有的只用了4条。

猫妈妈和孩子们剩下的命一共还有25条。

你能确定这只猫妈妈有几个孩子吗？

监狱排组

　　监狱里的九个囚犯，三人一组戴着手铐在进行每日放风。监狱长想做个排组计划：以六天为一个周期，要求在一个周期内任意两个囚犯被铐在一起的情况只出现一次，应该如何安排？

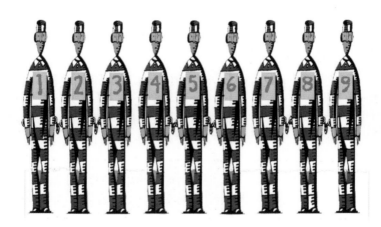

铰链尺（一）

如图所示，5把未做记号的尺子按此方式在两点安装了铰链。如果需要通过1把或多把尺子的折叠组合测量出1至15单位之间的所有长度，那么图中所示各把尺子的长度应该是多少？

尺子的最小长度

下方的尺子上做了四处记号，使这把尺子能测量出1至6之间的所有整数单位长度。请在下方的尺子上做五处记号，使其能测量出1至11之中的十个整数单位长度。两端的记号已经标记了，只需要将中间的三处标出即可。

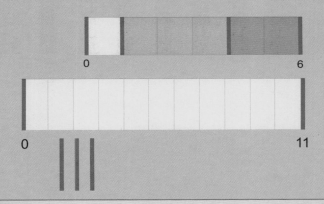

42

瓢虫一家

　　一家子瓢虫有五分之一飞到了花园的黄花上，三分之一飞到了紫花上，而这二者的数量之差的三倍，飞到了远处的罂粟花上。瓢虫一家中的瓢虫妈妈飞到了河边洗衣服。当所有的瓢虫飞回家时，一共有多少只？

43

铰链尺（二）

　　如图所示，三把未做记号的尺子按此方式在一点安装了铰链。如果需要通过1把或多把尺子折叠组合测量处出1至8单位之间的所有长度，那么各把尺子的长度应该是多少？

　　如果觉得题目太难，可以试试尺子进行内外折形成不同的长度。

累进图（一）

  观察下方这张漂亮的几何累进图。请计算所有红色三角形的面积与最外层作为大背景的黄色正方形的面积之比。

累进图（二）

图中这条红色的"手臂"面积与整个正方形的面积之比是多少？

46

难度值：●●●●●●●●○○
完成：□ 时间：_____

直角多边形

荷兰奈梅亨大学的数学家李·萨劳斯构思出下面一道谜题：

从下图方格中的黄点开始，任选一个方向走一格，然后向左或右走两格，接着再向左或右走三格，以此方式继续走下去，每次走的距离比前一次多一格。如果在若干次后回到了起始点，那么经过的轨迹连线就是一个直角多边形。

最简单的直角多边形有8条边，意思是说按上述方式走8次即可绘出，请问这条路线如何走？

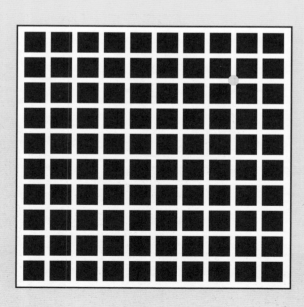

30

47

倍数与质数

是否任意一个数字及其两倍数之间，都能找到一个质数？（当然，1除外。）

48

找质数

一个由1—9组成的9位数，那么共有9！（或者说362880）种不同的组合方式，下图列出了最常见的一种组合。在这362880个数字中，请问有多少个质数（即只能被1和其本身整除的数字）？

123,456,789

49

难度值：●●●●●●●○○○
完成：□ 时间：_____

无限和有限

下图中，每张图片都是其外侧大图高度的一半，按照此规律，可以放入无限个更小的图片。假设我们不是依次把小图嵌入大图之中，而是把小图在平面上一张张堆叠起来，那么叠起来的这座"图片塔"会有多高？

50

难度值：●●●●●●●●●●
完成：□ 时间：_____

和谐数字

能否让数字在完美的基础上变得更和谐友好一些？观察图中的数字：220和284。请找出这两个数字之间深藏的关系。

51

难度值：●●●●○○○○○○
完成：□ 时间：_____

找因数

所有的自然数，除了质数之外都是合数。质数就像是砖块；需要组合起来构成合数。实际上，所有的自然数都有唯一一种方式用若干质数的乘积来表示。

请把"420"这个数字的所有质因数找出来。

420

52

难度值： ●●●●○○○○○○○
完成： □ **时间：** _____

舞之圆

安妮和她的朋友正围成圆形跳舞。这个圆形的构成是有讲究的，每个人身旁的两人都是相同性别。

假设这个圆有12个男孩，请问女孩有多少个？

53

难度值： ●●●○○○○○○○○
完成： □ **时间：** _____

加法和乘法

有三个数字，它们的和与它们的乘积相等，请问是哪三个数字？

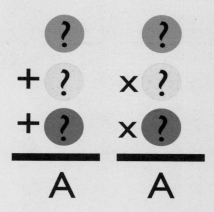

54

难度值：●●●●●●●●○○
完成：□ 时间：_____

超级合数

合数是两个或两个以上质数的乘积，但"超级合数（高度合成数）"要比任何比它小的数字的因数数量都多。举个例子，12是个超级合数，因为任何比12小的数都没有6个因数。12的因数有1，2，3，4，6和12。

那么12之后的超级合数是多少？可以告诉你这个数字的因数有8个。

$$1,2,3,4,6,12 \overline{)12}$$

55

难度值：●●●●●●○○○○
完成：□ 时间：_____

隐藏的魔术硬币

硬币魔术，对人们来说是一种感官的刺激和视觉的享受。有一种硬币魔术应用了一个数学概念，即"奇偶性"。

让一个人随便在桌上扔一把硬币。你快速看一眼桌上散落的硬币图样，然后转身，让对方随机翻转几对硬币（一对，即两个）——随便多少对都可以。翻转完之后，让他再遮住一枚硬币。

当你再转身过来，你可以立即说出被遮住的硬币是正面朝上还是背面朝上。

你能解开这个小魔术的核心数学秘密吗？

56

难度值：●●●●○○○○○○
完成：□ 时间：＿＿＿＿

二进制算盘

　　本质上，电子计算机就是一组电器开关的组合，数字的二进制系统就是信息时代的语言。虽然二进制计数法呈现出的就是若干个"0"和"1"的组合，但二进制也可以用来表示任意整数。

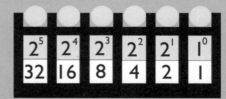

　　下图中的二进制算盘可以将数字以二进制的方式表示出来。琢磨一下，如何用其来表示53和63呢。

57

难度值：●●●●●○○○○○
完成：□ 时间：＿＿＿＿

警察的追捕

　　这个游戏里，一个警察（图中绿点）正在追捕一个窃贼（图中红点）。他们轮流行动，每次走一步，即从图中一个白点走到相邻的另一个白点。如果在警察行动时，他的绿色点能走到红点的位置，那么就认定为警察将窃贼抓获。请问警察能否在10步之内抓获窃贼？

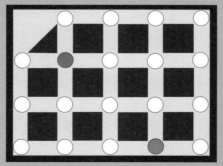

58

六边位图（一）

如果将一个六边形分成6个楔形，并使用黄色或紫色填充，那么可以有14种不同的涂法，得到14种图样。

图中所示为其中13种涂法，那么最后一种是什么？

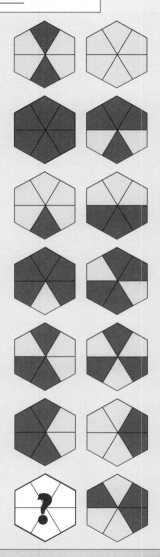

59

六边位图（二）

通过在六边形各个顶点间做直线，可以将六边形分成多个部分，不同部分可以用两种颜色填充，可以得到多种图样（如图）。如果一种图样通过旋转可得到另一种图样，那么这两种图样算为同一种（对称的可以算作不同的图样）。按此方法可以画出19种不同的图形。下图已经画出了17种，请将剩下的两种补上。

60

三杯戏法

右图的上半部分，三个杯子放在桌上，目标是通过三步操作实现所有杯子全部杯口朝上，每次操作必须翻动两个杯子。简单扫一眼就会发现这太简单了——实际上这个目标不管用多少次操作都可以完成。

接下来试一下将所有杯子杯口朝下，如右图的下半部分。然后让你的朋友们试试，看看是否能得到同样的结果。

61

筹码模式

桌上有16个颜色交替摆放的筹码，如右图。

如果只允许将其中两个筹码滑动到新的位置，需要如何操作才能使每一行的颜色一致？

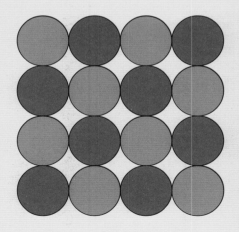

阁楼上的灯

楼下有三个开关，其中一个可以控制阁楼上的台灯。请找出具体是哪个开关在控制台灯，但只允许去阁楼上查看一次。

怎样才能做到呢？

1.　　　　　2.　　　　　3.

随机开关

有三个未做标记的电灯开关随机拨到了"开"和"关"的位置上。每个开关都同另一个房间的一盏灯相连，而灯只有在三个开关都拨在"开"的位置才会亮。

现在有人跟你打赌，如果你只拨动一个开关就能让灯亮起来，就算你赢，你可以接受这个挑战吗？

64

难度值：●●●●○○○○○○
完成：□ 时间：_____

项链

使用五个完全相同的红色珠子和两个完全相同的绿色珠子，可以做出多少种不同的项链？

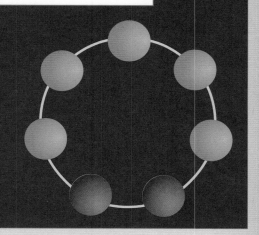

65

难度值：●●●●●●○○○○
完成：□ 时间：_____

六杯难题

桌上放了如下六个杯子。每次翻转两个杯子。持续这样一直操作下去，最后是否能使所有杯子杯口朝上？此外，能否让它们都杯口朝下呢？

项链涂色

下图中每一串项链都有六颗珠子——红黄两种颜色。请观察下图所列的十二种项链，填出第十三串项链的颜色。

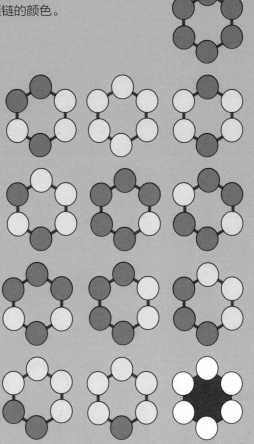

67

难度值：●●●●●●●○○○
完成：□ 时间：_____

二进制轮（存储轮）（一）

使用数字"1"和"0"构成任意三位数的数组，一共有八种不同的组合，这八种组合也是二进制系统中的前八个数字（包括0）。每个数组可以看作三个开关，0和1可以分别代表"开"和"关"。有意思的是，这二十四个开关需要全部放在一起才能同时表示出这八个数字，如下图所示。

在"二进制轮（存储轮）"中，等量的信息都可以减少到只用八个开关来表示。使用下面的方法：观察下图的项链形状，将四个红珠子和四个绿珠子放入项链中，使这八个数组都能在顺时针方向通过珠子顺序表示出来。数组中的三个珠子必须连续不得断开，但是各个数组之间无须连续。

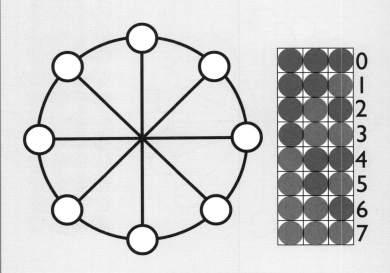

0
1
2
3
4
5
6
7

二进制轮（存储轮）（二）

　　请将八个红珠子和八个绿珠子放入项链形状中，使每组珠子（四个）的颜色顺序（即二进制中的前十六个数字，包括0）在顺时针方向都能找到。（一组的四个珠子必须连续不能断开。）

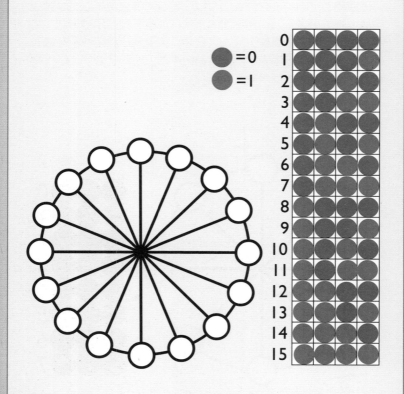

第 2 章

逻辑和概率

　　所谓概率，就是一件事情发生的可能性。概率的值介于0（即完全不可能）和1（即绝对确定）之间。大多数事件的发生都遵循概率法则，而如果我们了解这些法则，那么找到正确答案的概率就会增加很多。本章的谜题需要你来确定其概率并运用逻辑思维能力解决那些看似无法解决的问题。

69

难度值：●●●●○○○○○○
完成：□ 时间：_____

等级制度

推论是逻辑推理的基本形式，即通过一个或多个前提得出一个特定的结论。这个结论只有在所有前提为真的情况下才为真。

下面用一个经典的推论问题做个示范。

某个公司里，董事长、总监和秘书这三个职位的人分别是盖里、安妮塔和萝丝——但职位和名字并不按此顺序匹配。秘书是家里的独生子女，收入最低。萝丝的丈夫是盖里的哥哥，萝丝的工资比总监高。

根据以上信息，请推断出这三个职位的人的名字。

70

难度值：●●●●●○○○○○
完成：□ 时间：_____

女孩概率

史密斯夫妇有两个孩子，而且夫妻俩曾经说过至少有一个是女孩。假定男孩和女孩的出生概率相同，那么另一个孩子也是女孩的概率是多少？

71

难度值：●●●○○○○○○○
完成：□ 时间：_____

面南而建

如果你要建一间房子，要求房子的四面都要开窗，且每扇窗都要朝南，要怎样建？

72

难度值：●●●●●●●○○○
完成：□ 时间：_____

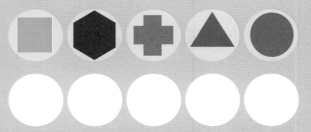

逻辑序列

上方的图中，第二排的形状被遮住了，且排列顺序同第一排不同。关于第二排的图形，有以下真实情况的描述：
- 十字形和圆形都不在六边形旁边；
- 十字形和圆形都不在三角形旁边；
- 圆形和六边形都不在正方形旁边；
- 三角形在正方形的右边。
请将第二列的图形按顺序填出。

难度值：●●○○○○○○○○

完成：□ 时间：_____

鹦鹉

　　某女士想要买只鹦鹉，而且要能说话的。女士问宠物店店员："这只鹦鹉会说话吗？"

　　店员毫不迟疑地说："这只鹦鹉会重复它听到的一切话语。"

　　女士看上了图中的这只鹦鹉，买回了家。但好几个月过去了，尽管女士一直教它说话，但从来没听到鹦鹉开口说过话。

　　是店员骗人了吗？还是他有什么情况没讲？

GHOTI

怪词发音

　　这个红色单词看着很奇怪，但发音跟普通的英文单词无异。"gh"的发音跟"tough"里的gh一样，"o"的发音跟"women"里的o一样，"ti"跟"emotion"里的ti一样。

　　那么这样一来，这个普通的英文单词"ghoti"应该怎么读呢？

账单释义

　　一名男子在某高档餐厅点了晚餐。在他点的菜上桌时，他看了一眼，然后写下了下图的纸条给服务员就起身离开了。服务员把纸条拿给了收银员，收银员明白了其中的意思就把纸条放到收银机里了。

　　请问这个纸条到底是什么意思？

彩色骰子

下图是同一个骰子的各个不同方向。根据图片提供的信息，请问最下面那颗骰子底面（就是面朝里的那一面）是什么颜色。

群鸟互观

一大群鸟随机立在电线上，它们之间的间隔距离随机分布。每只鸟都看着离自己最近的另一只鸟。不考虑电线两端的两只鸟，请问在这群鸟之中，没有被其他鸟看着的鸟占到多少比重？

78

难度值：●●●●○○○○○○○
完成：□ 时间：＿＿＿＿＿

婚姻

多年以前，一名男子同自己遗孀的妹妹结婚了，这怎么可能？

79

难度值：●●●○○○○○○○○
完成：□ 时间：＿＿＿＿＿

说真话的人

三个孩子之中，有人说真话，也有人说假话。根据图片提供的信息，请确定有几个人说真话，几个人说假话。

我说的是真话。

他说他的话是真的。

他没说真话——他说假话！

80

难度值：●●●●●●○○○○
完成：□ 时间：＿＿＿＿＿

拿彩球

容器中装了20个红球和30个蓝球。闭着眼睛随意拿出一个球，那么拿到红球的概率是多少？

81

打赢的概率

在一个虚拟现实游戏中，你需要做一个选择：要么同一头雷龙战斗，要么连续同三头小剑龙战斗。

已知打败雷龙的概率是 $1/7$，而打败一头剑龙的概率是 $1/2$。

你应该如何选择？

82

存帽子

　　六个人在进剧院看演出前在前台存帽子。但是前台服务员粗心大意把帽子的存条弄混了，所以当这六人看完演出后回到前台取帽子的时候，基本上是随机领取。

　　如果有人跟你打赌说，至少有一个人能拿回自己的帽子，你会跟他赌吗？换句话说，你觉得六个人中的一人拿回自己帽子的概率会大于50%吗？

83

弹坑避难所

据说这是发生在战争时期的事情：一场激战中，一个水手钻到敌舰炮弹炸出来的弹坑里。按他的解释，敌方炮弹打到同一个位置的概率应该是极其低的。

他这个说法有道理吗？

84

三币悖论

假设你手里有三枚硬币，一枚是正常硬币，即一面是字一面是图；一枚两面都是字，还有一枚两面都是图。这三枚硬币随意放入帽子里。在不偷看的情况下，随意从帽子里拿出一枚硬币平放到桌上，那么硬币正反两面图样相同的概率是多少？

喜欢和不喜欢

下图是我组组员在讨论他们最喜欢的食物。请找出图片中每个人对应的名字和其喜欢的食物。

86

难度值：●●●●●●●●●●
完成：□　时间：_____

轮盘赌

　　玩轮盘赌，唯一
一个保证赢钱的方法
是什么？

87

难度值：●●●●●●●●●●
完成：□　时间：_____

方格填字

　　方格填字，就是在一个正方
形矩阵中，横向和纵向都使用同
一个（组）字或词。

　　请将以下字母填入右图
4×4的方格中。

C	U	B	E
U			
B			
E			

L	U	L
S	G	E
Y	E	Y

88

难度值：●●○○○○○○○○
完成：□ 时间：＿＿＿＿＿

赛马

　　一个古怪的老人在自己的遗嘱中写道：两个继承人需要进行一场赛马，跑输的马的主人可以继承全部遗产。比赛按时进行了，但两个继承人都不让自己的马往终点线前进。为了打破这一僵局，遗嘱执行人决定对比赛规则做一些调整。按照执行人的想法调整比赛规则之后，比赛再次开始，而第一个冲过终点线的拿到了全部遗产。

　　如果说所有的安排都没有违背遗嘱的意愿，那么这件事是怎么回事呢？

89

难度值：●●●●○○○○○○
完成：□ 时间：＿＿＿＿＿

叠骰子

　　请将下图中叠起来的六个骰子所有看不到的面上的数字加起来，然后求和。

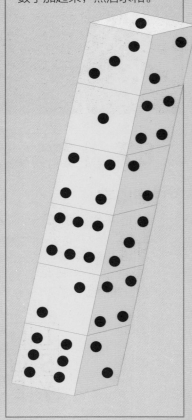

90

难度值：●●●●●○○○○○
完成：□ 时间：＿＿＿＿＿

滚动的弹珠

彼得和保罗玩弹珠玩得一样好。如果彼得有两颗弹珠，保罗有一颗，那么彼得胜利的概率是多少？这里所指的胜利，是指把弹珠弹出去尽可能地接近一个指定的点。

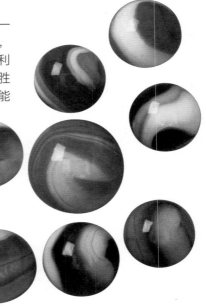

91

难度值：●●●●○○○○○○
完成：□ 时间：＿＿＿＿＿

字谜

请解开下图所示的两个字谜。

ME   JUST   YOU
TIMING TIM ING

难度值: ●●●●●○○○○○
完成: □ **时间:** _____

三个错误

下图中的信息有三处错误，请全部找出来。

What are the tree mistake in this sentence?

难度值: ●●●●●●●○○○
完成: □ **时间:** _____

计数算词

下图的字母矩阵中隐藏了一个秘密单词，请找出来。

R	V	E	O	V	C
S	I	O	V	R	D
V	E	R	C	V	O
R	O	V	E	S	E
E	R	S	C	R	I
C	E	R	E	O	R

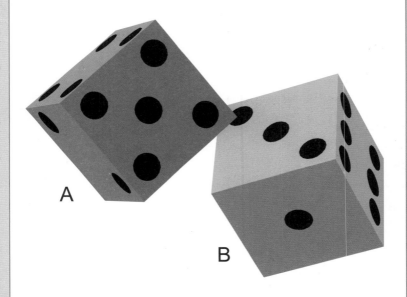

A

B

骰子比赢

　　两名被判无期徒刑的囚犯在玩骰子消磨时间。他们俩各有一个磨损很严重的骰子，只有三个面还看得出数字。能看得出数字的三面请见上图。

　　如果他们规定谁投出的点数高谁就赢，请问从长期来看谁赢的次数会多一些？

变位词

字母N，A，G，R和E通过组合顺序的变化可以组成两个不同的单词，请写出来。

基本形状

一个三角形、一个矩形和一个椭圆形构成了五种重叠方式。其中有一种同其他几个都不一样，请找出来。

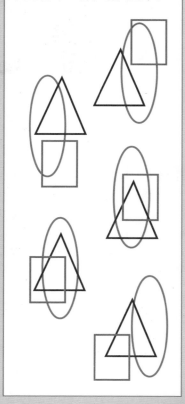

数方形

老师举起一张纸，让学生们回答有多少个正方形。学生们答道："6个。"答案是正确的。

老师再次举起这张纸问学生们有多少个正方形，学生们回答说是8个。回答再次正确。请问纸上到底有多少个正方形？6个还是8个？

98

难度值：●●●●●●○○○○
完成：□ 时间：_____

世界很小

从美国2.84亿人口之中随意选两个人，如果想要这两个人通过人脉链（即朋友的朋友的朋友……）产生联系，请问平均需要中转多少人（或者多少个人脉链）才能成功联系上？

99

难度值：●●●●●●○○○○
完成：□ 时间：_____

正确的句子

下面三句话中哪个是正确的？

（1）有一句话是错的。

（2）有两句话是错的。

（3）三句话都是错的。

100

难度值：●●●●●○○○○○
完成：□ 时间：_____

隧道通路

一辆蒸汽火车正穿过隧道，三个人坐在火车上的靠窗位置（窗户是开着的）。他们三个人的脸在隧道中都被煤烟熏黑了，出隧道后他们三人开始互相嘲笑。突然其中一个人停止了大笑，因为他意识到自己的脸也被熏黑了。

他是怎么想到的？

101

难度值：●●●●●●●○○○
完成：□ 时间：_____

拿球

一个布袋子里装了一个红球或者一个蓝球。然后放一个红球到袋子里，现在袋子里有两个球。

接下来从袋子里拿出一个球，发现拿出来的球是红色的。请问剩下的球是红球的概率有多大？

102

逻辑模式

下图的矩阵中，每一个符号都代表一个数字。且其中四行和三列的总和数字已经给出了，根据提供的信息，请写出每个符号所代表的数字。

103

难度值：●●●●●●●●○○
完成：□ 时间：＿＿＿＿＿

洗牌四张

你用四张牌玩一个游戏。两张牌上有红色的图样，另外两张是蓝色图样。四张牌的另一面都是空白的。将四张牌洗一下然后图案朝下放在桌上。从四张牌中任意取两张，这两张牌的图案相同的概率是多少？

然后你的朋友说概率是三分之二，其理由如下：取两张牌有三种可能的组合——两张红色，两张蓝色，一红一蓝。而不管两张红色还是两张蓝色都是同样的颜色，所以概率就是三分之二了。

这个理由对吗？

104

难度值：●●●●●●●●●●
完成：□ 时间：＿＿＿＿＿

一个单词

请将右边两个单词的字母重新组合，在其下的空格中填入一个新的单词。

N	E	W		D	O	O	R

生日悖论

你打算组织一场生日派对，想要让参加的人之中至少有两个人生日相同——同月同日，但不必同年。假设你并不清楚所邀请的客人们都是哪天生日，那么至少需要邀请多少人，才能有两个人生日相同的概率大于50%？如果一定要有两个人同一天生日，至少需要邀请多少人？

三方决斗

有A，B，C三人决定使用火枪决斗的方式来解决三人之间的争端。三人抽签决定开枪的顺序，然后每个人轮流开一枪，直到最后只剩一人活着。

A和B都是神枪手，从没打偏过，但C的命中率只有50％。根据以上信息，请问谁活到最后的可能性大？

107

难度值：●●●●●○○○○○
完成：□ 时间：_____

投掷硬币

一次掷出两枚硬币，可能有多少种不同的结果？

108

难度值：●●●●●●●●●●
完成：□ 时间：_____

硬币证伪

你让一位朋友掷二百次硬币并记下每次的结果。你拿到结果的时候，想确认朋友是真的掷了二百次还是随意编了个记录应付。

如何鉴定这份记录的真伪呢？

最后存活的人

　　假设你刚成为罗马的新一代君主。称帝后的第一件事，要给
36名囚犯定罪判刑，把他们放进角斗场里喂狮子。狮子一天只能
吃6个人，正好这些囚犯里有6个你想立刻解决掉的死敌，但你又
想表现得公正一些。

　　在罗马，给囚犯执行死刑的传统选人方式，是"11抽杀
法"——每10个人中抽取1个。如果让囚犯们站成一个圈，那么应
该让这6个死敌站在什么位置，才能使前6个被选出来的正好就是
他们？

110

難度值： ●●●●●●●○○○○
完成：□ 时间：_____

骰子——偶数和奇数

法国著名微生物学家路易斯·巴斯德曾说过，机会只留给那些有准备的人。接下来我们测试一下你是否做好了准备。

随意掷出两颗骰子，那么所得的两个数字之和为偶数的概率是多少？

111

难度值：●●●●●●●○○○
完成：□ 时间：_____

骰子掷六

在很多游戏里，要用骰子掷
出六点才能开始。而且一般来
说，一次掷中六点的概率比较
低，基本都要掷多次才有六点。
实际上，在一些新游戏的设定
中，都是让玩家在指定的掷骰子次
数中至少掷出一次六点。

如果需要将概率调高，使游戏可以在
第一回合开始进行，那么需要让玩家们至
少掷几次？

112

难度值：●●●●●●●●○○
完成：□ 时间：_____

骰子掷双六

你有24次掷骰子的机会，
且必须至少掷出一次双六点。
这种概率高吗？

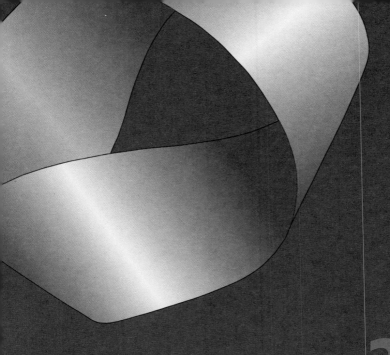

第 3 章

拓扑学

　　拓扑学是研究平面以及从一个平面到另一个平面的连续性的学科。如果一个图形可以通过连续变形（指弯曲、扭曲、伸展、压缩等）变成另一个图形，那么则认定这两个图形在拓扑学上是相等的。拓扑学的一个基本问题，就是将目标物体群分门别类，使每个类别中的图形都是拓扑学意义上相同的图形。本章会出现这一类题目，以及其他烧脑的拓扑学难题。

113

扭动连线（一）

下图中有19个点，要用闭合不间断的直线将其全部连起来还是比较容易的。那么如何设计出一条拐点最多的路线呢？下图中的上半部分已设计出一条有19个点的路线，共形成16个角。请重新设计一条有19个点的路线，但形成17个角。

114

难度值：●●●●●○○○○○
完成：□ 时间：_____

拓扑相等（一）

　　如果一个图形可以通过连续变形（指对图形进行弯曲、扭曲、伸展或压缩等）变成另一个图形，那么则认定这两个图形在拓扑学上是相等的。下方a，b，c三个图形各自通过变形得到了1—9号图形。请在下方图形中找出与a，b，c在拓扑学上相等的图形。

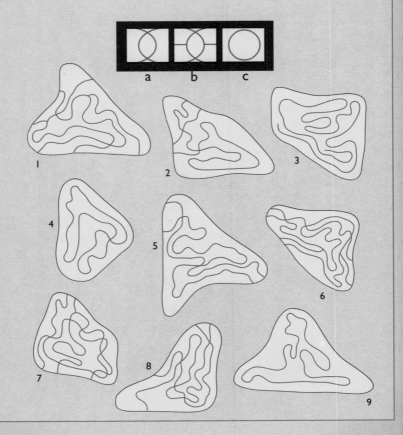

a　　　b　　　c

挑小棍（二）

若一根小棍上没有其他小棍压着，就可以把这根小棍拿起来。根据这个规则，请将下方20根小棍的拿取顺序找出来。另外，请问这些小棍有多少种不同的长度？

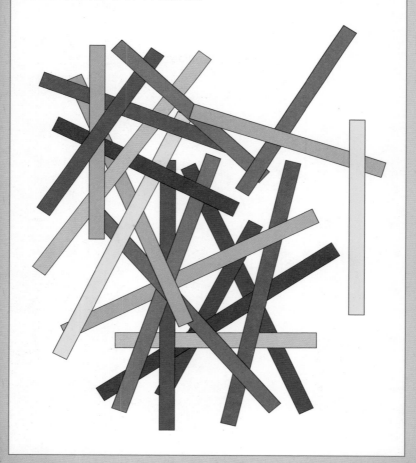

116

拓扑相等（二）

请将下方的几个图形结构想象成是用橡皮筋和珠子做成的。请问哪些图形在拓扑学上是相等的?

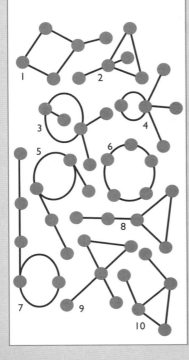

117

地图涂色

请将下面几张地图上的各个分区用最少的颜色涂上颜色。相同颜色的分区可以在一个点相交，但不得使用同一条相邻的边。

多边形项链

这条项链由八条链子串在一起组成，每一条都是一个正多边形，从三角形到十边形。请问这些多边形是以什么样的顺序连起来的？

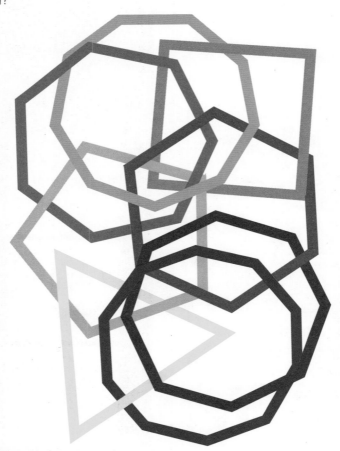

图样上色

以下这些轮廓图形需要你填上颜色，但相邻区域不得使用相同的颜色。请问你至少需要多少种颜色？

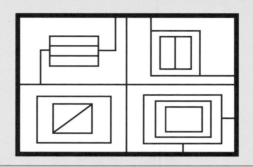

卡片互叠

八张相同大小不同颜色的卡片按下图的方式叠成了两种不同的样式。请找出这两种样式中卡片叠放的顺序——最底下的是8号卡片，最上层的是1号卡片。

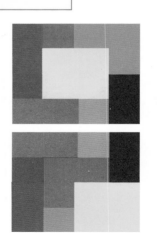

火星殖民地

德国数学家格哈德·林格尔在1950年提出了下面这个地图问题。

假设地球上的11个大国在火星上标识了自己的殖民领地，一个国家占有一个殖民地。为了明确边界分区，这些大国决定在火星的殖民地图上用颜色进行区分，每个国家的殖民地使用的颜色与地球地图上使用的颜色一样。

下图中，数字标号一致的地区需要使用同样的颜色，请将下图中的两个地图涂上颜色，要求相邻的地区不得使用相同的颜色。你需要用到多少种颜色？

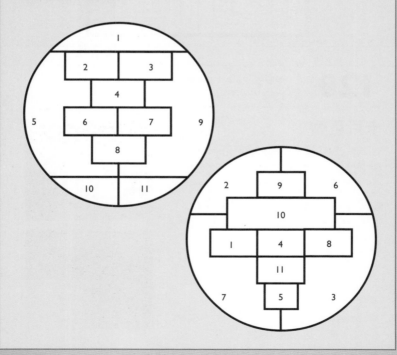

互相重叠

三个相同的矩形框架互相堆叠在一起，如下图。重叠相交之后产生了七个区块。如果还是用这三个矩形，如何通过重叠相交产生二十五个区块？

字母拓扑

如果一个图形可以通过连续变形成为另一个图形，那么则认定这两个图形在拓扑学上是相等的。在拓扑学家的眼中，三角形跟正方形甚至圆形都没什么差别。

右侧所示的字母E，在拓扑学上跟其他五个字母相等。请找出是哪五个。

ABCDE
FGHIJ
KLMNO
PQRST
UVWXYZ

难度值： ●●●●●●○○○○

完成：□ 时间：_____

拓扑相等（三）

下方的十四张图，包含三组四连张（指这一组的四张图带有自己的特点，归为一组）和一对拓扑相等的图形。

请找出拓扑相等的两张图形。

125

难度值：●●●●●●●●○○
完成：□ 时间：＿＿＿＿

皇后僵局

1、在一个标准的国际象棋棋盘上放置10个皇后，使每个皇后只能吃到另外一个皇后。

2、在一个标准的国际象棋棋盘上放置14个皇后，使每个皇后在走棋路径上刚好可以吃到另外两个皇后。

3、请在一个标准的国际象棋棋盘上放置16个皇后，使每个皇后只能吃到另外三个皇后。

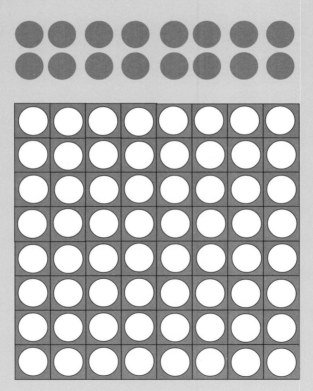

126

难度值：●●●●●○○○○○
完成：□ 时间：_____

单线无二（一）

请将下方六个筹码放入6×6的格子中，使每一条横线、竖线和斜线上都只有一个筹码。

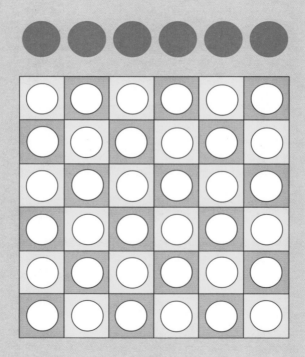

难度值：●●●●●○○○○○
完成：□ 时间：＿＿＿＿

单线无二（二）

请将下方七个筹码放入7×7的格子中，使每一条横线、竖线和斜线上都只有一个筹码。

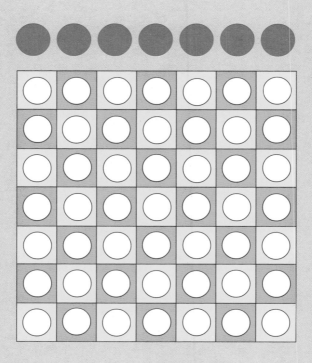

难度值：●●●●●●○○○○○
完成：□ 时间：_____

单线无二（三）

　　请将下方八个筹码放入8×8的格子中，使每一条横线、竖线和斜线上都只有一个筹码。

　　这个谜题基本上跟之前要求在象棋棋盘上放置八个互相不在走棋路径上的皇后棋子的谜题一样。请尝试找出十二种不同的放法。

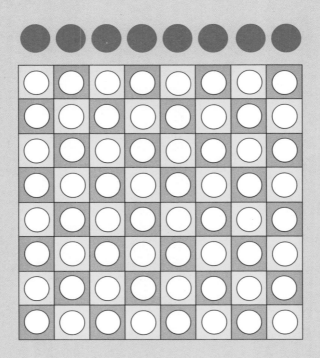

129

难度值：●●●●●●●○○○

完成：□ 时间：_____

单线无二（四）

请将七个筹码放入图中白色圆圈中，使各个方向的直线上都只有一个筹码。

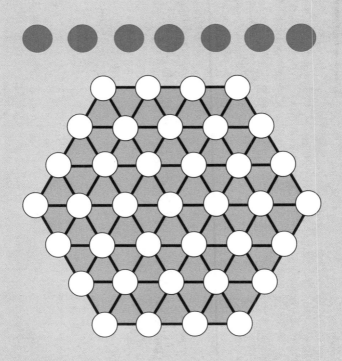

130

难度值: ●●●●●●○○○○
完成: □ **时间:** _____

切割正方体

下图中呈现的形状,哪些是可以在立方体上切割得到的?

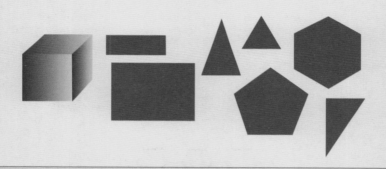

131

难度值: ●●●●●○○○○○
完成: □ **时间:** _____

项链拆分

右图是一条由23个珠子做成的项链。现在需要将这条项链分成若干部分,使其能够组合成从1到23之间各个长度的项链。

要达到这个目标,应该如何分割项链?

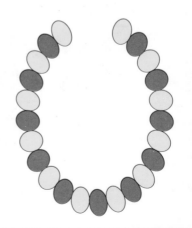

通水软管

花园里有一条胡乱缠绕的水管。假设从两端用力将水管拉紧，会形成多少个结？

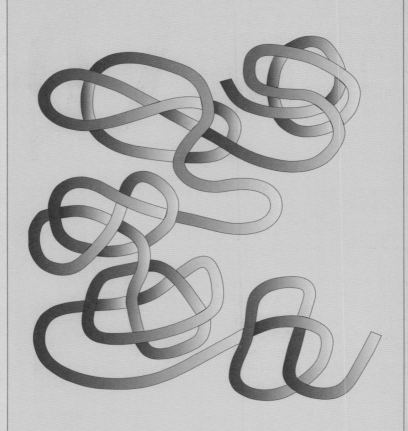

影之结

如图所示，你在地板上看到一段绳子。由于屋里太暗，绳子上的三处交点无法判断是穿过了绳圈还是在绳圈之下。从这个绳圈的形状来看，如果在两端进行拉紧可能会给绳子打上结。

这可能吗？由于绳圈的形状是随机的，请计算出这个绳子打结的概率。

3D结

图中所示为三维立体的结，由所需最小数量的立方体构成。每个立方体的大小相同，中间没有空隙，立方体的每个面都完全接触。

如需完成这样一个图形，最少需要多少个立方体？

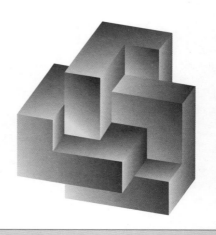

135

难度值：●●●●●○○○○○
完成：□ 时间：＿＿＿＿＿

蜜蜂安置

下图是四个由六边形方格组成的三角形蜂巢。如果有两只蜜蜂处在同一直线上的两个格中，则这两只蜜蜂会互相攻击。根据这个规则，在不引发蜜蜂冲突的情况下，下面四个蜂巢中可放入的最大数量的蜜蜂各是多少？

此外，四个蜂巢所需的最少蜜蜂数量各是多少？也就是说，放置完成后在任何位置多加一只蜜蜂都会引发蜜蜂的相互攻击。

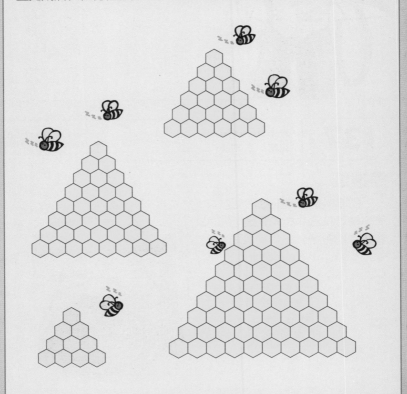

136

难度值：●●●●●○○○○○
完成：□ 时间：_____

放圈

　　图中的男子想把胳膊上的圈放落，但又不想把手从口袋里拿出来，也不想脱掉背心，更不想把绳圈放到口袋里。那么应该如何做才能实现呢？

137

难度值：●●●●○○○○○○
完成：□ 时间：_____

叠报纸

　　任取一张普通报纸然后对折，很简单对吗？你能将这张报纸再对折10次吗？

滑锁

下图中的光盘和彩块镶嵌在一块金属板的各个凹槽中，各个彩块在无其他模块阻挡的情况下可以在凹槽中滑动。一个红色方块嵌在光盘上，光盘可以自由转动。

根据以上信息，如何使图中的黄色活塞从凹槽底部滑动到凹槽顶部？需要多少步，按照什么样的顺序？

139

难度值：●●●●●●○○○○
完成：□ 时间：_____

单线无三（一）

最小问题

在下图5×5的格子上放入6枚棋子，使任意空位放入第7枚棋子时，在某一横向、纵向或斜向上可出现3枚棋子。

最大问题

在下图5×5的格子上放入10枚棋子，使任意空位放入第11枚棋子时，同时让某一横向、纵向及斜向上都出现3枚棋子。

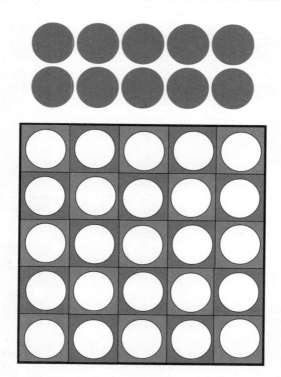

140

难度值：●●●●●●○○○○
完成：□ 时间：_____

单线无三（二）

最小问题

在下图6×6的格子上放入6枚棋子，使任意空位放入第7枚棋子时，在某一横向、纵向或斜向上可出现3枚棋子。

最大问题

在下图6×6的格子上放入12枚棋子，使任意空位放入第13枚棋子时，在某一横向、纵向及斜向上都有3枚棋子。

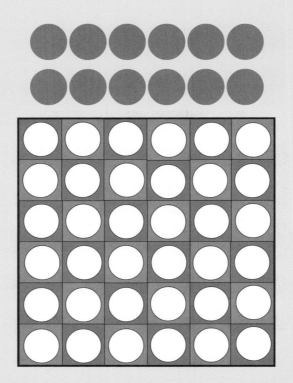

单线无三（三）

最小问题

在下图7×7的格子上放入8枚棋子，使任意空位放入第9枚棋子时，在某一横向、纵向或斜向上可出现3枚棋子。

最大问题

在下图7×7的格子上放入14枚棋子，使任意空位放入第15枚棋子时，在某一横向、纵向及斜向上都有3枚棋子。

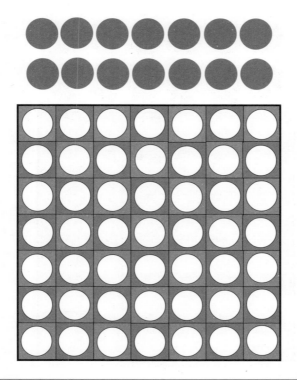

142

难度值: ●●●●●●●○○○
完成: □ 时间: _____

单线无三（四）

在下图8×8的格子上放入16枚棋子，使任意空位放入第17枚
棋子时，在某一横向、纵向或斜向上可出现3枚棋子。

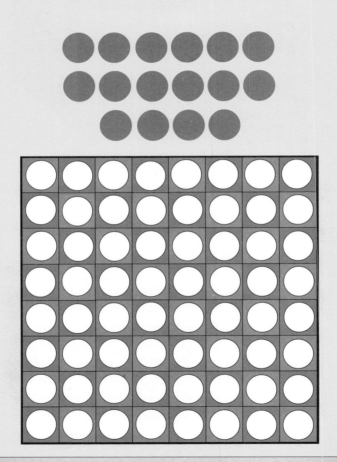

双色立方体

如果用两种颜色给立方体各面着色，一共有多少种不同的方法？

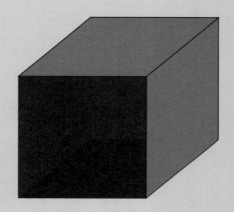

最短路径

下图中，瓢虫想以最快速度捉住那只蚜虫，请问黄线所示的路径是最短的路径吗？

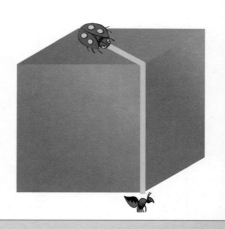

145

难度值：●●●●●○○○○○
完成：□ 时间：＿＿＿＿

交叉路线

　　本题的目标是将七个棋子放入下图八角星形状的八个圆中。每个圆通过直线同另外两个圆相连。一次只允许放一个棋子在任意空圆中，但放入的棋子必须立即沿其中一条直线移到另一个圆中。移动完成后，这枚棋子不可再动。

　　尽管规则比较复杂，但有一个简单的方法可以帮助你解答所有此类谜题。你能否找出这个方法？

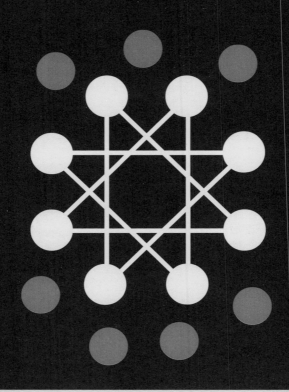

146

叠立方体

下方的图样可以沿着各正方形相连处的折痕叠起来，组成一个正方体。当正方体折叠完成后，请找出处于相对面位置的三组颜色。

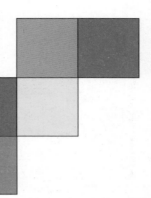

147

连环套

铁匠需要使用下图中的五组三连套做成一个长锁链。如果要求铁匠只能使用三次焊接操作，应该如何做？

148

七选一

下图所示的图样折叠为正方体后，不可能是以下七个立方体中的哪一个？

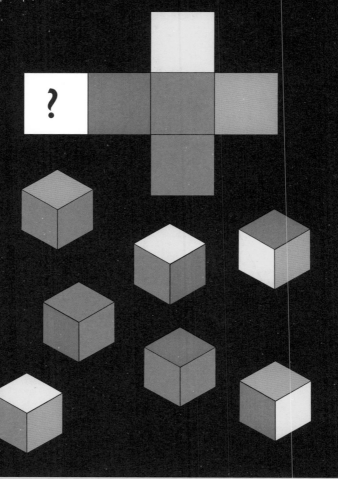

四面八边金字塔

　　下图中的金字塔全部是用正四面体和正八面体组合而成的。假设金字塔本身就是一个正四面体，其边长为小四面体的三倍，那么要组装这样一个金字塔，需要正四面体和正八面体各多少个？

150

难度值：●●●●●●●●○○
完成：□ 时间：＿＿＿＿＿

立方体戒指

　　下图中的立方体戒指是由22个小立方体构成的。有意思的是，这个"戒指"只有一面，一条边，就像一个莫比乌斯带。

　　请想办法用更少的小立方体，搭出如图结构的单面立方体戒指。

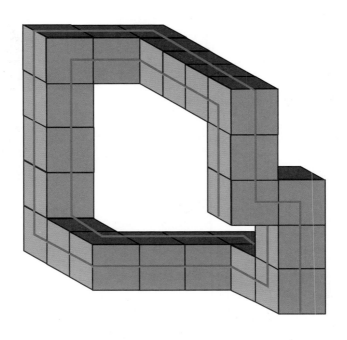

151

不可能矩形

下图中有10个图形，有5个能通过旋转（不可通过对称）成为同一个图形。有3个也能通过旋转成为同一个图形。剩下2个跟其他都不一样，请找出来。

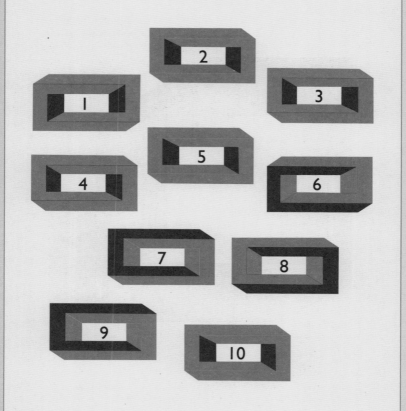

152

难度值：●●●●●●●○○○
完成：□ 时间：＿＿＿＿＿

立方体洞穿

请在一个立方体上掏个洞，让一个比其稍大的立方体从中间穿过去。

153

难度值：●●●●●●●○○○
完成：□ 时间：_____

立方体双色角

使用两种颜色给立方体的八个边角着色，共有多少种不同的方法？通过旋转等同的两种涂色方法只算一种，但对称的可以算两种。

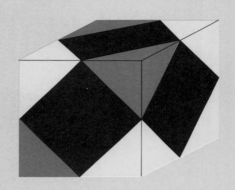

154

难度值：●●●○○○○○○○○○
完成：□ 时间：_____

未知连接

下图中有五个圈，需要将哪个圈剪断，才能将其他四个圈解开？

155

難度值: ●●●●●●●●●●
完成: □ 時間: _____

立方体图纸

一个立方体有六个面，是不是将六个正方形随意连在一起就能叠成一个立方体？请观察下方的七个图纸，找出一个可以叠成立方体的。

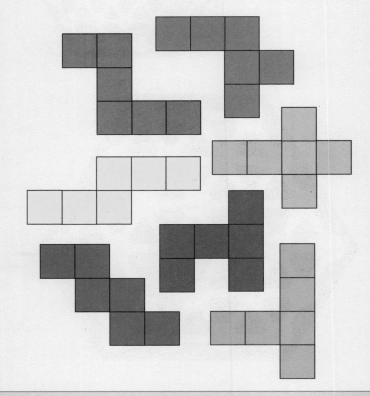

扭动连线（二）

　　如图所示，上图的路径是一条闭合不间断的直线，一共连接27个点，出现26个拐点。

　　请重新设计一条同样有26个拐点的路径。

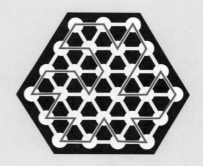

四面体体积

如下图所示，从一个正方体的边角上切出一个四面体，请找出这个四面体同正方体剩余部分的体积比例关系。

饥饿的老鼠

请给下图的老鼠找出一条路径，要求吃掉所有房间的蔬菜并从出口离开，且每个房间不重复进入。

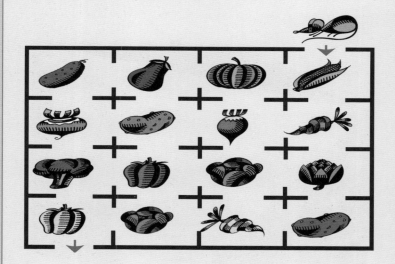

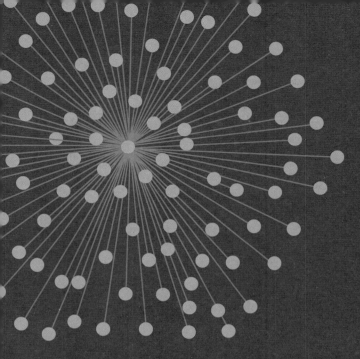

第 **4** 章

科学

　　科学是一门范围广、魅力大的学科，要解开本章的谜题，并不要求你在科学方面有很深的造诣，而是要将大脑的潜力发挥出来，开发其与生俱来的对科学准则的理解力。在全心思考某一事物的运作原理时，你会发现自己的直觉惊人地准——而通过独立思考解开复杂的科学问题后，强烈的满足感会油然而生。

星际秤

如何使用弹簧秤，在身处宇宙任意地点时测算自己的体重？

月球上的宇航员

宇航员在月球上的体重跟在地球上一样吗？

断线

如图所示，我用细线绑在一本重书上。我向朋友提问：我现在两只手握住了细线的两头，如果我从底部拉拽细线，哪一端的细线会断掉，上端还是下端？

如果朋友说是上端，我一拉线，下端断掉了。如果朋友说是下端，我一拉线，这回上端断了。

请问我是如何做到按自己意志操控自如的？

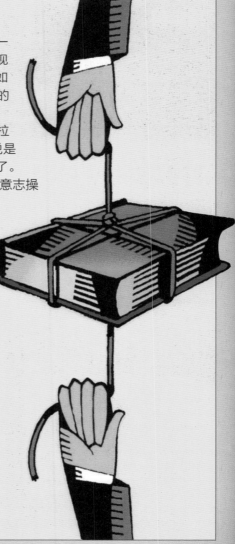

162

摇苹果

在一个大盆中装入不同大小的若干个苹果,然后端盆进行晃动,那么大个的苹果会出现什么样的变化,是慢慢走到最表层,还是慢慢沉到最底下?

163

大球和小球

若将大号的钢球打包装成一个1米见方的立方体,小号的钢球也打包装成一模一样的立方体,请问哪一边会更重?

如果剩余的空间内还可以继续塞入小号钢球,上面的结论是否还成立?

引力的相对性

假设你在一个狭小无窗、四周封死的房间中，你拿起两个不同质量的物品从高处自由落体掉下，两个物体下降的速度相同并同时掉到了地板上。

根据以上信息，你要如何确定自己仍然在地球表面，还是在一艘保持每平方秒9.6米加速度在向上空飞行的火箭中？

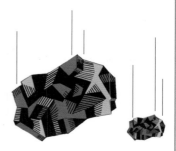

掉落的石头

大石头的重量是小石头的100倍，但如果同时从空中掉落，两块石头落下的加速度是一样的（忽略空气阻力）。为什么大石头的下降速度不会更快一些呢？跟重量、能量、表面积、惯性这些属性有关系吗？

166

难度值：●●●●●●○○○○○
完成：□ 时间：_____

拉线

如需拉拽一个线轴，要使用哪两种不同的方式操作，才能使得线轴按照你的意愿往前走或往后退？

167

难度值：●●●●○○○○○○○
完成：□ 时间：_____

平衡棒悖论

如图所示，你和另一个朋友可以各自用食指让一根木棒保持平衡。如果这个时候两个人的手指都往中间点滑过去，会发生什么？又或者一开始先把两根食指放到中间，而后慢慢滑到两端，会出现什么情况？

瓶子里的蚊子

图中一个装满蚊子的玻璃瓶，四周已经封好了，瓶子置于秤上。那么秤在什么时候显示的重量大，是蚊子们都停在瓶子底部休息的时候，还是都在瓶中飞的时候？

丢失的戒指

你需要将九个重量完全相同的包裹封装，在封装完第九个包裹时才发现自己的戒指落到了其中一个包裹里。

你并不想把所有包裹都拆开。给你一个天平，如果只允许称两次，要如何确定戒指在哪个包裹里？

水壶

下图中哪个水壶能装的水多一些？

传送带

如果绿色轮按顺时针方向旋转，那么黄色的轮子按哪个方向转？

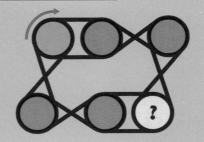

172

五分钟煮鸡蛋

你需要将鸡蛋煮五分钟，但手边只有一个四分钟的计时器和一个三分钟的计时器。请问如何使用这两个计时器测量五分钟？

173

齿轮火车（一）

如图，红色齿轮按逆时针方向旋转，请问蓝色的齿轮会按哪个方向旋转？

174

沙漏悖论

如图，在圆柱体内注满了水，里面放了一个沙漏。将圆柱体翻转后惊奇地发现，沙漏并没有浮回圆柱体顶部，而是一直停留在底部直到大部分沙子漏到下半部分才慢慢浮上去。

为什么沙漏出现这种情况？

175

卫星定律

假设你站在320千米高的一座塔台上，这个高度已经超过了大气层。如果你用足够大的力气扔出一个飞盘，会发现什么情况？

钟表的运行

下图中红色的齿轮需要朝什么方向转动才能使得钟表的分针顺时针旋转？

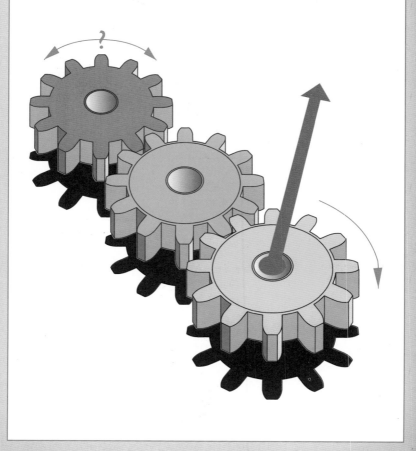

177

难度值：●●●●●●●●●●
完成：□ 时间：_____

齿轮火车（二）

如图所示，红色齿轮在逆时针旋转。请问两条齿轨分别会向上移动还是向下移动？

178

难度值：●●●●●●●●●●
完成：□ 时间：_____

活板门

下图中的齿轨应该往哪个方向推动，才能使得活板门打开？

179

难度值：●●●●●○○○○○
完成：□ 时间：_____

齿轮变位词

下图为五个连锁齿轮，每个齿轮的各个接触点都有字母（每个齿轮旁边的数字代表齿轮的齿数）。经过若干次转动之后，四个接触点的字母可以拼出一个由八个字母组成的单词，字母顺序为从左往右。

请问需要转动多少圈，拼出的单词是哪个？

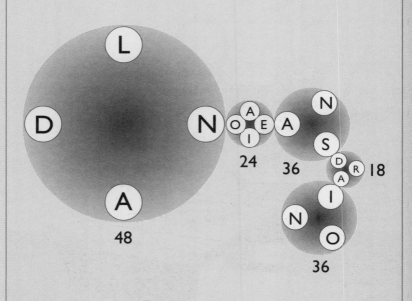

杂耍

一个80公斤重的小丑需要携带三个10公斤重的铁环过桥，但桥的承载力只有100公斤。马戏团的驯兽师告诉小丑，将三个铁环用抛接杂耍的方式就可以过桥了——只要保证随时有一个铁环在空中，安全过桥没问题。

小丑听从了这个建议，那么桥真的可以承载这个重量吗？

遛狗

史密斯先生每天出去遛狗的时候都会带上飞盘玩具让它运动锻炼。如果史密斯先生想让小狗在遛弯这一路上都处于快速奔跑的状态，那么飞盘应该往哪个方向扔？

飞奔的苍蝇

每天清晨，两位慢跑爱好者各自从一条10千米长的小路两端出发。而当他们俩出发向小路中点位置开跑之时，一只停在其中一位慢跑者头上的苍蝇也出发向对方飞去。抵达后苍蝇马上掉头飞回到第一位跑者处，如此往复直到两位跑者相遇。

如果慢跑者保持5千米每小时的速度奔跑，苍蝇的飞行速度是10千米每小时，那么请问苍蝇的飞行路径之和为多少？

滚动

两个木头做成的轮子各自加了10千克负重。一个木轮是在中间加装了盘状负重，另一个则是在轮圈加装环状负重。如果将这两个木轮放到某一斜面上同时放开，哪一个先冲到斜面下端终点？

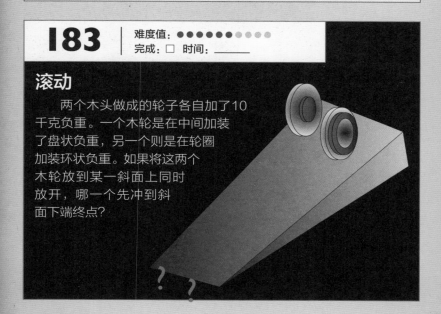

折叠梯

　　如图所示，一部折叠梯平放在地上，一只梯腿用棍子支撑着。有一个保龄球放在梯腿尾部的横档之中。保龄球旁边放了一个水桶，水桶紧紧地绑在梯腿上。在折叠梯的转动轴附近放了一个砝码。这套装置的目的很简单，就是想在撤掉棍子之后，折叠梯合上，然后保龄球掉入水桶中。

　　这套装置能达到预期目的吗？撤掉棍子之后，梯腿上的物品不应该是同时往下落体吗？

丢落

一位女士从二楼窗户扔出一个瓶子，瓶子以一定的速度撞击到地面上。那么在撞击时如果要求瓶子的速度翻一倍，那么扔出瓶子的高度需要达到多少？

井中之蛙

一只青蛙掉进了一口深20米的井里。井壁比较滑，青蛙从井底往上爬，白天能往上爬3米，晚上休息时会往下掉2米。

要多少天青蛙才能爬出这口井？

187

盘旋的重物

一只连着线的球正以不变的速度环形盘旋着，那么球的速率和加速度是否保持不变？如果这根连线突然断掉，球会怎么样？

188

高尔夫球

高尔夫球的表面为何满是凹坑？

人体陀螺仪（一）

如下图，一个男孩坐在一个可自由旋转的凳子上，手里像这样拿着单车车轮旋转，那么会出现什么情况？

人体陀螺仪（二）

如下图，一个男孩坐在一个可自由旋转的凳子上，手里像这样拿着单车车轮旋转，那么会出现什么情况？

一对共振摆

假设将一对钟摆用一根弹簧按下图方式连接起来，如果松开其中一只摆，会出现什么情况？这两只连在一起的摆的能量最后是否变得相同？

弹珠魔术

只用一个红酒杯，请让弹珠升离桌面。

193

难度值：●●●●●●●○○○

完成：□ 时间：_____

啄食的啄木鸟

这种玩具有多种不同的版本。一开始将啄木鸟置于木棒顶部，放手之后啄木鸟会一边叮啄木棒一边往下降，最后降到最底部。请说明这个玩具的原理。

194

难度值：●●●●●●●○○○

完成：□ 时间：_____

旋转的物体

如图所示，一只金属圆盘、一个固体圆锥和一条闭合锁链各用一根线吊在半空中。然后各条线开始快速转动，请说明三个物体在旋转时的姿态。

195

难度值：●●●●●●○○○○

完成：□　时间：_____

人体陀螺仪（三）

如右图，一个男孩坐在一个可自由旋转的凳子上，双手像这样纵向拿着单车车轮旋转，如果想要让凳子向左旋转，男孩要怎么做？右手向前推手里的把手，同时左手向后缩回，是否可行？

196

难度值：●●●●●●●○○○

完成：□　时间：_____

滑冰

一名花样滑冰运动员正双臂展开在冰上旋转。当她把双臂收回至胸前的时候会出现什么情况？

向心力

　　在各个嘉年华活动中，所有的旋转类表演，比如上图这种直圆柱旋转，都非常受欢迎。直圆柱开始旋转之时，表演者都将背部紧靠着墙站立着。当直圆柱的旋转速度达到最大值时，直圆柱的底部慢慢从圆柱剥离，然后大家会惊奇地发现表演者贴在墙上了，并不会掉下去。

　　请解释这种情况的原理。

198

难度值：●●●●●●●●●●
完成：☐ 时间：＿＿＿＿＿

第一枪是谁开的？

请以侦探的思维思考如下情形：三个人各开了一枪。枪洞的颜色跟他们的帽子上的孔洞颜色一致。根据此信息，请判断第一枪是谁开的，是琼、约翰还是吉姆？

琼　　　　　约翰　　　吉姆

199

难度值：●●●●●●●○○○
完成：☐ 时间：＿＿＿＿＿

上上下下

投手投出的垒球在空中飞着，那么请问是垒球上升时所用的时间长，还是下降时用的时间长？

200

难度值: ●●●●○○○○○○
完成: □ 时间: _____

扩大的洞

一个中部有孔洞的钢垫圈被持续加热，直到金属扩大1%。那么中间的孔洞是变大了、变小了，还是保持不变？

201

难度值: ●●●●●●○○○○
完成: □ 时间: _____

树和树枝

为何树枝是以下图右的树枝结构生长而不是左图的放射结构生长？请找出原因。

202

意料之外

如图所示，两个轻质的球悬挂在半空中，彼此相距不远。如果你朝两个球中间吹气，会出现什么情况？

203

洗澡

假设你躺在浴缸里，想要试试玩具小鸭子具备多大的浮力。先放置一个金属环，小鸭子没有沉。之后金属环从小鸭子身上滑落，沉入浴缸底部。

金属环滑落入水之时，请问浴缸中的水面是上升、下降还是保持不变？

204

难度值：●●●●●●●○○○
完成：□ 时间：_____

飞行的飞机

飞机机翼的上表面为何是弯曲状的？

205

难度值：●●●●●●●○○○
完成：□ 时间：_____

空气喷射

将一个乒乓球放在小漏斗之中，然后用嘴对着漏斗嘴用力吹气，然后乒乓球会在空中悬停，而非飞向天空。你吹出的气流越强，那么乒乓球悬停的位置就越高。请解释这一奇特景象的原理。

206

难度值：●●●●●●●○○○
完成：□ 时间：_____

上升的球

　　圆柱容器中盛了水，乒乓球按入水底之后会慢慢浮起来。当容器中的水处于静止状态或是旋涡状态时，乒乓球上浮的速度会有区别吗？

207

难度值：●●●●●●○○○○
完成：□ 时间：_____

吹蜡烛

　　如果在两支燃烧的蜡烛中间用力吹气，会出现什么情况？

208

难度值：●●●●●●●○○○

完成：□ 时间：＿＿＿＿＿

加奶的茶

你有两个杯子，一个杯子中盛有半杯茶，另一杯则是半杯牛奶。从牛奶杯中取一茶匙牛奶放入茶杯中搅拌均匀之后，再从茶奶混合物中取一茶匙放回牛奶杯中搅拌均匀。

请问是原茶杯中牛奶的含量高，还是原牛奶杯中茶的含量高？

209

难度值：●●●●●●○○○○

完成：□ 时间：＿＿＿＿＿

雨滴坠落

大雨滴和小雨滴，哪个坠落的速度更快？

210

冰山

浴盆里放了一座冰山，浴盆中的水已经到浴盆边缘了。那么当冰山融化之后，会出现什么情况？

211

音乐管

将一段可弯曲波纹管在空中环形挥动，则会听到管子发出一种声音，请解释原理。

212

难度值：●●●●●●○○○○
完成：□ 时间：_____

杯中的手指

如图，天平上平稳地放着两杯水。如果你往其中一杯水中浸入一根手指，天平会出现什么情况？貌似放入手指的水杯会变重，天平是否会因此而失衡？

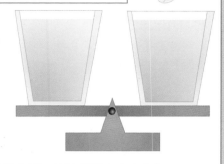

如果放入的不是手指而是重金属，结论是否会有变化？

213

难度值：●●●●●●○○○○
完成：□ 时间：_____

杯中的软木塞

你们肯定都看到过这样的情况：如果把软木塞放到一杯水中，那么软木塞则会逐渐漂到杯壁处，而且不会再离开杯壁。在不触碰软木塞和杯子的情况下，如何让软木塞漂回杯中间呢？

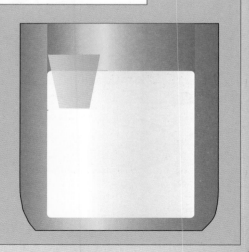

214

难度值：●●●●●●○○○○
完成：□ 时间：＿＿＿＿＿

水中的放大镜

如果将放大镜放入水中，那么通过放大镜看到的刀子，其细节是否更大更清晰？

215

难度值：●●●●●○○○○○
完成：☐　时间：_____

杯中的硬币

　　杯中倒满水，满至杯沿。然后沿杯壁滑入一枚硬币，水并不会溢出来。那么在保证水不溢出的情况下，最多能放入多少枚硬币？

216

难度值：●●●●●○○○○○
完成：☐　时间：_____

木偶容器

　　一个装有水的圆柱形容器上有三处小孔，位置如图。一个水龙头对着容器口源源不断地注入水，保持水面高度不变。

　　当小孔上的塞子拔出后，水即从小孔持续流出。那么这三个小孔，哪一个出来的水射得最远？

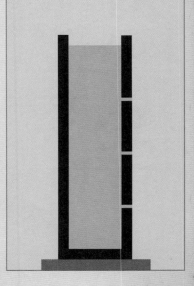

217

难度值：●●●●●●○○○○

完成：□ 时间：_____

飞机之影

数千英尺的高空中有一架飞机正在飞行，其影子显现在地面上。请问飞机的影子是比飞机本身更大、更小还是一样大？

218

难度值：●●●●○○○○○○

完成：□ 时间：_____

放大的角度

某个放大镜会将尺寸放大三倍，如果通过这个放大镜观察一个15度的角度，这个角度在放大镜下会变成多少？

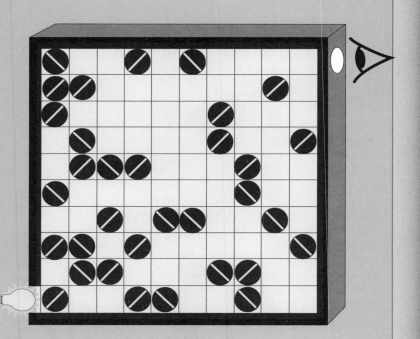

超级潜望镜

将图中这些双面镜的其中10个旋转90度，即可通过右上角的观测孔看到左下角灯泡的光了。请问需要转动哪10个双面镜？

220

难度值：●●●●●●○○○○
完成：□ 时间：_____

全身镜

如需一面能够看到自己从头到脚全身的镜子，这样的镜子最低高度需要是多少？

221

难度值：●●●●○○○○○○
完成：□ 时间：_____

时尚镜子

一位模特站在穿衣镜前2米处，并手持一面小镜子放在自己头后半米的位置。请问模特头上的红花的镜像位于穿衣镜之后多远的位置？

第 **5** 章

附加奖励题

　　大脑锻炼的最后一章，集合了前面章节的所有元素。要解开本章的谜题，需要充分调动你通过这些阶段的挑战所开发出的全部创造力、推理力、洞见力。当完成了本章的全部谜题后，你即将体会到一种大脑在经过各种不同方式强化之后的强烈愉悦感。

222

展厅连线

一位建筑师正在检查自己为某展厅布置的所有电线插座。整个展厅分为了若干个相同的单元组块（即图中的小正方形），而客户方要求每个交叉点离电源插座的距离不得超过3个组块。

建筑师最开始的设计如图所示，使用了25个插座满足要求。但建筑师认为还有更经济省钱的办法。他的想法可行吗？在同样满足之前的电源插座距离要求下，要如何设计才能使得所使用的插座数量最少？

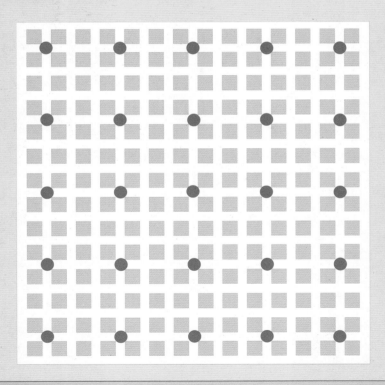

223

爬行的蜈蚣

在一个立体固体结构的顶部一角有一只蜈蚣，如图所示。请给蜈蚣设计一条路线，使其能通过各条棱线经过每个折角一次且仅一次，同时每条棱线不得重复经过。（注意：设计的路线并非一定要经过所有棱线。）

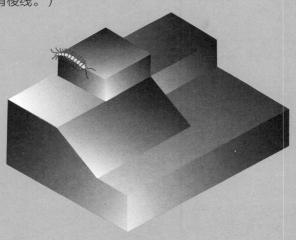

224

跑赢的马

如有7匹马参加一场赛马比赛，那么取得前三名有多少种不同的可能组合？

分圆

仅使用圆规和直尺，请将图中的圆分成八个面积相同的形状。

连接线缆

电话线的线缆中有20条电线，共有4种颜色，每种颜色有5根线。在没有照明的情况下，最少要拿出多少根线才能保证4种颜色都有？

227

难度值：●●●●●●●○○○
完成：□　时间：_____

重叠多边形

　　下面各组重叠的图形中，请确认：是未重叠部分的红色总面积大，还是未重叠部分的蓝色总面积大。各图形的大小请参考下方表格中的数据。

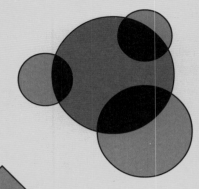

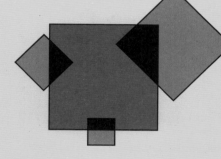

正方形组	圆组	等边三角形组
边长：2单位	直径：2单位	边长：2单位
边长：3单位	直径：2单位	边长：2单位
边长：6单位	直径：3.5单位	边长：4单位
边长：8单位	直径：4.5单位	边长：4单位
		边长：6单位

228

难度值：●●●●●●●●○○
完成：□ 时间：_____

组合锁

下图中的锁需要通过选择3个不重复的字母才能打开。如果一个劫匪只有一次机会输入字母，那么他选对字母打开锁的概率是多少？

229

难度值：●●●●●○○○○○
完成：□ 时间：_____

我的班级

一个班里有15名男孩，其中14人长着棕色眼睛，12人为黑色头发，11人特别胖，10人个子高。请确认这个班里，棕色眼睛、黑色头发、长得胖又高的男孩有多少个？

230

难度值：●●●●●●○○○○
完成：□ 时间：_____

遛狗

碧翠丝有6只狗需要牵出门遛弯。如果她一次只带2只狗出门，那么可以有多少种不同的组合方式？

231

难度值：●●●●●●●●●○
完成：□ 时间：_____

魔幻矩阵（一）

请沿格线将图中的矩阵分成16个相同的部分，使得每个部分中的数字之和都是34，且每个部分中的数字同其他部分都不重复。

2	3	13	16	3	2	14	15
5	8	10	11	4	9	10	11
11	10	9	4	13	16	1	2
16	13	4	1	14	7	9	6
4	5	10	13	5	8	10	11
3	6	11	16	2	14	8	10
12	10	9	3	11	5	3	15
15	13	4	2	16	12	5	1

232

汽车牌照

在很多国家，汽车的牌照都是以如下形式发放的：

首先是一个字母，之后是三个数字，最后再接三个字母。那么这样的牌照形式能组合出多少个不同的牌照？

A 234 HIL

233

魔幻矩阵（二）

请观察这个数字矩阵，将其分成八个部分，使得每个部分上的数字之和都一样。

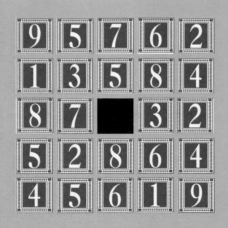

棱线涂色

　　下图中的每一段都需要涂上颜色，如要求每个交点都不可包含两个相同的颜色，那么至少需要多少种颜色才满足要求？

235

难度值：●●●●●●●○○○
完成：□ 时间：_____

涂色模式

下图中，要求在每个交点（即图中所示圆圈的位置）都不可包含两个相同的颜色，那么你需要多少种颜色？

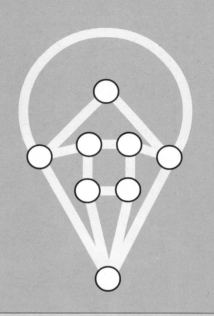

236

难度值：●●●●●●●●○○
完成：□ 时间：_____

三位数的数字

一个玩具机器人显示屏上的每个位置，都可以出现数字1、2、3或者不显示，那么这三个数字有多少种组合？

237

数字母

阅读下面一句话：

finished files are the result of years of scientific study combined with the experience of years.（完成的文件是多年科学研究和多年经验相结合的结果。）

接下来再读一遍，找出里面有多少个字母f。

238

面积相等

下图为三组相连的四分之一圆形，以及若干不同大小、各自不相连的四分之一圆形。而其实每一组相连的两个四分之一圆形的面积之和同其中一个单独的四分之一圆形的面积相等。请找出各组所对应的各个面积相同的图形。另外请尝试找出要保证面积相等，所需要的几何性质是哪一个？

斐波那契兔子

1202年，年仅27岁的意大利数学家列昂那多·斐波那契出版了著作《计算之书》，在这本极具开创性的著作中，提到了如下谜题：

每个月一对雌雄兔会生下一对兔子——也是一雌一雄。新生的雌雄兔会在两个月后开始生小兔。那么在一年的时间内，一对雌雄兔到最后能产生多少只后代？（假设每次出生的都是一雌一雄两只兔子，且一年时间内没有兔子死亡。）

240

难度值： ●●●●●●●●○○
完成：□ 时间：_____

士兵阵列

下图中的11支军事单元（每个单元用一个绿色正方形表示）所包含的士兵数量均一致，如果在全部士兵总数上再加一名将军，那么这个总数可以再排列成一支完美的战斗阵列。

那么，各个军事单元中所包含的最少士兵数量是多少？这个阵列中总共有多少名士兵（包括将军在内）？

241

难度值: ●●●●●●●○○○

完成: □ 时间: _____

蜂巢里的数学

请将数字1—9填入下图中的蜂巢中，使得对于任意一个六边形，其相邻的六边形中的数字之和均为原六边形中数字的整倍数。比如说一个六边形中的数字是5，那么其相邻的六边形中的数字之和必须为5，10，15，20等。

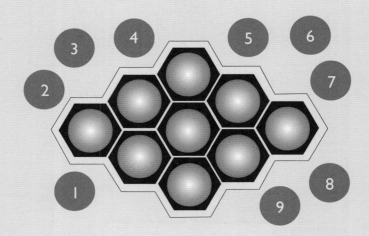

冰雹里的数字

　　随意选一个数字：如果这个数字为奇数，那么将其乘以3再加上1；如果是偶数，那么用其除以2。在每一个运算后的结果中都按照这个方式进行再运算，能否发现有什么特点？

　　如果从数字1开始，那么得到的数字依次为：1，4，2，1，4，2，1，4，2……循环。

　　如果从数字2开始，那么得到的数字依次为：2，1，4，2，1，4，2，1，4……循环。

　　如果从数字3开始，那么得到的数字依次为：3，10，5，16，8，4，2，1，4，2，1……继续循环。

　　很明显，上面的数列到最后都进入1-4-2-1-4-2的循环中。但是否所有的数列最终都逃不过这样的无限循环呢？请从7开始验证你的想法。

243

难度值：●●●●●●●●○○
完成：□ 时间：_____

真话与婚配

　　国王有两个女儿——艾美利亚很善良，总是说真话；而蕾拉则心眼坏，总是说假话。这两个女儿一个已婚，一个未婚——而国王并未将婚姻状况公开，谁也不知道哪个女儿已婚，哪个未婚。

　　国王为了给尚未婚配的女儿找个合适的女婿，安排了一场竞技比赛。优胜者可以从其两个女儿之中选择自己想娶的那位：如果选中的女儿未婚，那么次日立即举办婚礼。优胜者询问国王自己是否可以同女儿们对话，国王回答可以向其中一人询问一个问题，但这个问题不可以超过三个词。

　　请问这个问题应该怎么问？

无限旅馆

这个谜题是最适合于介绍无限数字不可思议之处的。

假设你是无限旅馆的经理，旅馆的房间数量是无限个。不管酒店房间有多紧张，总是可以给客人再安排出一个房间来：只需要将房间1的客人挪到房间2，房间2的客人挪到房间3，房间3的客人挪到房间4，以此类推。所有客人都挪完之后，新来的客人即可安排入住房间1。

不幸的是，正当你准备下班的时候，又来了一群过来开会的人要求入住。这个设定大家都知道，因为新客人的数量是无限的，如果你已经有了无限的客人，那么要如何安置新来的客人呢？

245

真话之城

你在去往真话之城的路上，这个城市的居民都只说真话。你在路上看到了一块路牌，一个方向指向真话之城，一个方向指向假话之城，而假话之城里的居民只说假话。而这样一块路牌在你看来，指向性太模糊，但路牌处有个人在，你可以向其问路。但唯一的问题是，你并不知道他从哪里来：是来自所有人都告诉你正确答案的地方，还是所有人都说谎的地方。

假如你时间紧迫，只能向其问一个问题，那么要问什么样的问题才能保证自己去往正确的方向？

246

三个骰子

如图，每个骰子能看到三个面，一共九个面。假设三个骰子各自三个面上的点数之和都不同，而当前能看到的各个面所有的点数加起来为40，那么三个骰子上各自三个面上的点是多少呢？

非传递性骰子

数学上所说的传递性是指，如果A大于B，且B大于C，那么则有A大于C。但有的游戏偏偏不遵守这个逻辑。一个经典的非传递性游戏就是"石头剪刀布"了。这个孩子们都会玩的游戏呈现出一种循环逻辑：剪刀胜布，布胜石头，而石头胜剪刀。

下图中是一组特殊的骰子，也呈现出一种非传递性的逻辑。如果两人用这些骰子玩游戏，则要先让对手选一颗骰子，而不管对方选哪一颗，你都可以另选一颗让你有优势的骰子。请找出这里面的原理。

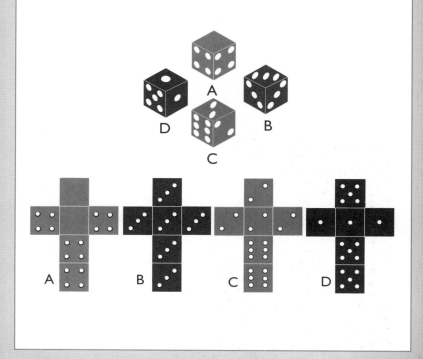

248

难度值：●●●●●●●●○○○
完成：□ 时间：_____

真、假和真假之间

　　拉维城中有三种人：只说真话的人，只说假话的人，还有一种有时说真话有时说假话的人。如果你在城中碰到一个当地居民，假设只允许问两个问题，那么要怎么问才可以判断出对方属于哪种人？

249

难度值：●●●●●○○○○○○
完成：□ 时间：_____

是否连接？

　　下图中这个结构，各个环节在不断开的情况下，是否能分开？

250

难度值： ●●●●●●●●●○

完成： □ **时间：** _____

抛硬币游戏

两个小男孩在玩一个简单的游戏：他们俩轮流抛硬币，谁先抛出正面谁赢。在硬币没有什么特殊机关的情况下，能否找出一个让其中一人有优势的方法？

251

难度值： ●●●●●●●○○○

完成： □ **时间：** _____

立方体中的三角形

从立方体中任选三个点，那么这三个点连成一个直角三角形的概率是多少？

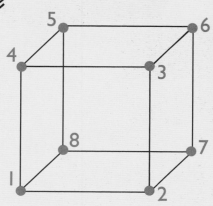

难度值：●●●●●●○○○○
完成：□ 时间：_____

毕达哥拉斯六边形

通过一个直角三角形的三条边做出三个正六边形，边长分别为3，4和5。看似毕达哥拉斯定理（即勾股定理）可以适用于正方形甚至六边形。真的是这样吗？

美国数学家詹姆斯·石美尔提出了一个类似的问题：一个边长为5的六边形可以通过拆分成若干块，得到两个小一些的六边形，一个边长为3，一个边长为4。那么至少要拆分成多少块才能满足要求？

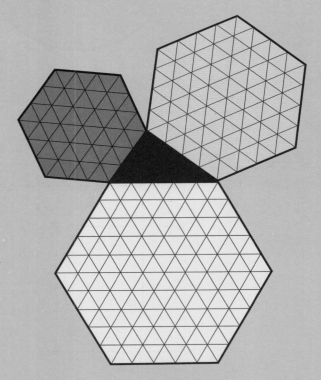

253

难度值：●●●●●●●●●○

完成：□ 时间：_____

鸟巢

　　一个鸟巢中有七只鸟。这七只鸟非常有组织性，它们每天会派出三只鸟外出寻找食物，七天之中任意两只鸟的组合都会完成一次觅食任务。比如说第一天由1号、2号和3号鸟外出觅食，那么就会有三个组合：1和2，2和3，1和3。

　　请找出一周七天满足此要求的外出觅食安排。

254

难度值：●●●●●●●●●●

完成：□ 时间：_____

最短路径

　　右图中的三张地图上，各有三个、四个和五个小镇，用红点表示。对于各张地图，请建立一个最短路径的路网地图将所有小镇连起来。

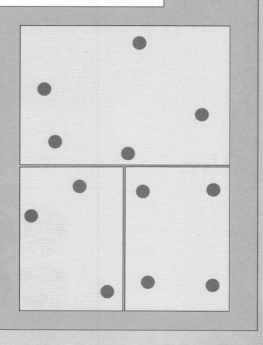

255

难度值：●●●●●●●●○○
完成：□ 时间：_____

分隔幽灵

如下图，请移动这5条直线，给15个幽灵分出15个单独的分区。

256

难度值：●●●●●●●●○○
完成：□ 时间：_____

掷骰子

掷骰子六次，使得六个面各出现一次的概率是多少？

257

难度值：●●●●●●●○○○
完成：□ 时间：＿＿＿＿＿

相连的管子

不同形状的几根管子如图连接了起来，液体可以从一根管子流向另一根。管网都同一个蓄水池（最左）相连，如果打开蓄水池，水流向各个管子，那么各个管子的水平面会在什么位置？

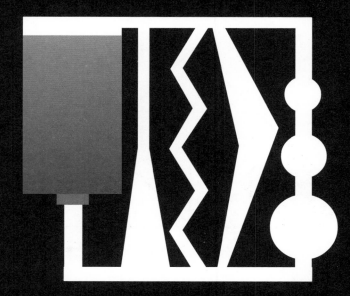

连续方形

从边长为1的小正方形开始，以其对角线为边做第二个正方形，再以第二个正方形的对角线为边做第三个正方形。按此方法可以做出无限连续的正方形序列。

在不测量的情况下，请计算出这个序列中第11个正方形的边长。

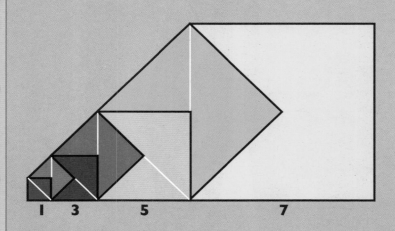

1   3   5   7

259

最后一题

　　最后一道题的选择非常考究。要解开这道题需要思考、专注、创造、逻辑、洞见以及对细节的把握，好好享受吧！

　　两个俄罗斯数学家在飞机上偶遇。

　　"如果我没记错，你有三个儿子，"伊凡说道，"他们现在都多少岁了？"

　　"他们年龄的乘积是36，"伊戈尔说道，"而他们年龄之和恰好就是今天的日期。"

　　伊凡思考了一分钟后说道："抱歉伊戈尔，但这些信息并没法让我算出他们的年龄。"

　　"哦，对不起，忘了告诉你，我最小的儿子头发是红色的。"

　　"啊，现在就清晰了，"伊凡说道，"现在我知道你三个儿子各自多少岁了。"

　　伊凡是怎么知道具体年龄的？

答案

第1章

1 这一组序列数字的圆圈数量符合 6（n-1）的公式。因此下一个组成六边形的数字为 37 + 6（5 - 1）= 61。

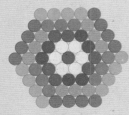

2 这是一组奇数数字的平方，从 1 开始。

$1^2 = 1$

$2^2 = 1 + 3 = 4$

$3^2 = 1 + 3 + 5 = 9$

$4^2 = 1 + 3 + 5 + 7 = 16$

以此类推。

序列中的第七个平方数应该是 $7^2 = 1 + 3 + 5 + 7 + 9 + 11 + 13 = 49$。

3 四面体序列可以用如下公式表达出来：n(n + 1) (n + 2)/6。这样计算出来的序列数字为：1，4，10，20，35，56，84……

方形金字塔五面体（即四方锥）的 表 达 公 式 为：n(n+1)(2n+1)/6。这样计算出来的序列数字为：1，5，14，30，55，91，140……

4

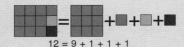

12 = 9 + 1 + 1 + 1

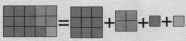

15 = 9 + 4 + 1 + 1

5 高斯发现，这个序列 1 + 2 + 3 + 4……97 + 98 + 99 + 100 可以换一个形式表达：

1 + 100 + 2 + 99 + 3 + 98 + 4 + 97……

或者是 101，乘以 50，总数为 5050。

任何一组连续整数计和都可以用这样的方法。当然，简化为公式就是 n(n + 1)/2，这也是三角形数的表达公式。

6 5 个即可。同样的 5 个采摘员如果 5 秒钟能摘 5 个苹果，那么 60 秒就能摘 60 个苹果，平均下来为 1 秒摘 1 个苹果。

7 对于这四对方块唯一的解法如下图所示。

20 世纪 50 年代，苏格兰数学家 C. 杜德利·兰福德在观察了自己儿子玩彩色方块之后，首次提出了这类问题的一般形式。最后的结果显示，只

有方块的对数为 4 的倍数或
者 4 的倍数减 1 的时候，此
类问题才有解。

8 既然有第 8 页，那么其之前肯定
还有 7 页。也就是说在 21 页之
后也有 7 页，所以这份报纸有 28 页。

9 可以找出很多组：
243 + 675= 918;
341 + 586 = 927;
154 + 782 = 936;
317 + 628 = 945;
216 + 738 = 954
以此类推。

10 20 只瓢虫。

11 将 8 和 9 调换，然后把 9 反
过来就变成 6 了。然后这两
列数字之和都是 18 了。

12 以下是多种解法中的一种：

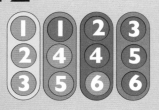

13

14

15 10 个数字的不同组合有
10！种，也就是 3628800
种。但第一位数不能用 0，因此要减
去 362880 种，剩下 3265920 种。

16 每一格中的数字都是其左边、
上边、左上角三个数字的和。
按照这个规律，丢失的数字应为 63。

17

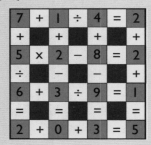

7	+	1	÷	4	=	2
+		+		+		+
5	×	2	−	8	=	2
÷				−		+
6	+	3	÷	9	=	1
=		=		=		=
2	+	0	+	3	=	5

18

$2520 = 5 \times 7 \times 8 \times 9$。

19

答案是 20 岁，因为 210 是第 20 个三角形数，也就是从 1 至 20 之间所有整数之和。

20

接下来的四个数字为 21，34，55 和 89。每一个数字都是其之前的两个数字之和，每两个连续数字之比都接近那个著名的黄金分割比例：1：1.6180037。

21

每个数字都是在描述其前一个数字，"11"的意思是"1个1"；"21"的意思是"2个1"，"1211"的意思是"1个2，1个1"；"111221"的意思是"1个1，1个2，2个1"。

312211

22

从左至右水平移动的时候，每个数字会翻倍；而从上至下斜向移动时，每个数字会加 2。

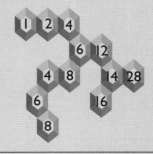

23

数字序列是按照切蛋糕序列排出来的——所谓切蛋糕序列，就是在平面上按指定次数进行直线贯穿切割后得到的块数。总的公式为：第 N 次切割可以新产生 N 块。所以，如果是第 6 次切割，碎块数量就是 16+6，即 22。

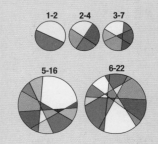

24

此序列是按照持续原则排出来的，也就是组成前一个数字十位和个位上的数字之乘积即为下一个数字，直到最后出现的数字为个位数为止。

所以这个序列中最后一位数字为8。

25
有多种可能性的组合：52 和 25，63 和 36，74 和 47，85 和 58 以及 96 和 69。但题目又说的是儿子出世没多久到现在 45 年，所以符合题目的答案为 74 和 47。

26
IOTOIO

27
17 x 4 = 68 + 25 = 93

$$\begin{array}{r} 17 \\ \times \quad 4 \\ \hline = 68 + 25 = 93 \end{array}$$

28

29
完成拼图，要从 100 块拼成一整块，既然每一步都要使得总的图块数减 1，所以需要 99 步。

30
两边都加 40。

170	30	
+40	+40	$Y = \dfrac{210}{70}$ $\boxed{X=40}$
210	70	Z

31
$2^6 - 63 = 1$

32

33
题干中给出的信息已足够将题目解出。如果花园中有两朵红花，那么始终都会有可能采到两朵不含有紫色的花。所以花园里只有一朵红花，其他的都是紫色的花。

34
不可能有两朵红花，不然的话就有可能摘到两朵红花加一朵黄花，而未摘到紫花。同样的逻辑可以得出，黄花和紫花也不可能超过一朵。所以，整个花园里只有这三朵花。

35
鸸鹋有 23 只，骆驼 12 只。

36
22 只飞禽（两条腿），14 只走兽（四条腿）。

37 要解开此题，首先需要算出 9 个朋友不同的组队方式的数量。对于任意一个朋友，需要安排 4 场不同的组合才能将其他 8 人见完：

第 1 天：凯特，大卫，露西
第 2 天：艾米丽，简，西奥
第 3 天：玛丽，詹姆斯，约翰
第 4 天：凯特，艾米丽，玛丽
第 5 天：大卫，简，詹姆斯
第 6 天：露西，西奥，约翰
第 7 天：凯特，简，约翰
第 8 天：露西，简，玛丽
第 9 天：大卫，西奥，玛丽
第 10 天：露西，艾米丽，詹姆斯
第 11 天：凯特，西奥，詹姆斯
第 12 天：大卫，艾米丽，约翰

38 既然猫妈妈还剩下 2 条命，所以剩下 23 条命是全部分配给它的孩子们。也就是说有两种可能性：第一种，猫妈妈有 7 个孩子，其中 1 个孩子剩下 5 条命，6 个孩子剩下 3 条命；第二种，猫妈妈有 5 个孩子，其中 1 个剩下 3 条命，4 个剩下 5 条命。

39

第 1 天：4-5-2 7-1-9 6-8-3
第 2 天：7-8-5 4-3-1 6-9-2
第 3 天：8-1-2 4-7-6 9-3-5
第 4 天：1-5-7 3-2-8 9-4-6
第 5 天：8-4-1 5-6-2 3-7-9
第 6 天：7-2-4 8-9-5 1-6-3

40

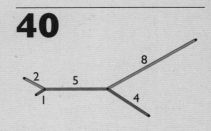

41 最小长度标尺是由所罗门·W·戈洛姆发明的，最多只能在长度为 6 的时候是"完美"的。再长的话就会变得"不完美"——即部分测距会出现一次以上，或者根本没有。而一把 11 单位长度的标尺上做出的记号没办法测出"6"这个单位长度。

42 瓢虫共有 15 只：3 + 5 + 6 + 1 = 15

43

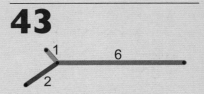

44 红色三角形的面积约为正方形面积的三分之一。

45 这只"手臂"的面积正好是正方形面积的四分之一。整个正方形可以分成四个相同的螺旋手臂图样。

46 萨劳斯发现，这种8条边的直角多边形是最简单的直角多边形；而且有意思的是，8边的直角多边形还可以在平面上拼接。8边之后就是16边的直角多边形，共有28种不同样式。后来马丁·伽德纳证明出直角多边形的边数只能是8的倍数。

47 尽管质数还有许多属性尚未证实，但已经有一个非常著名的证明过程显示，任意一个大于1的整数及其两倍数之间，都存在一个质数。

48 这362880个数字中没有质数。任意一种组合所形成的数字，各数位上的数字之和均为45，而45可以被9整除，任意一个各数位数字之和为9的倍数的数字，本身就是9的倍数。通过这样一个简单的除法检验即可证明这362880个数字中没有一个质数。

49 图片塔会接近原始图片两倍的高度，但只是无限接近而无法真正达到这个高度数字。$1 + \frac{1}{2} + \frac{1}{4} + \frac{1}{8} + \frac{1}{16}$……之和永远小于2。

50 将220所有因数之和的结果观察一下：
$1 + 2 + 4 + 5 + 10 + 11 + 20 + 22 + 44 + 55 + 110 = 284$
然后再看看284的因数之和：
$1 + 2 + 4 + 71 + 142 = 220$
如果一个数的所有因数之和等于另一个数，而且另一个数的所有因数之和又恰好等于第一个数，那么就将这对数字称为友好数字。目前所知的最小的一组友好数字就是220和284。

51
420 的完整分解过程：42×10 = 6×7×2×5 = 2×3×7×2×5。

52
根据题意，那么安妮身旁可能是两个男孩，也可能是两个女孩。如果是两个女孩，那么这两个女孩的另一旁必然也是女孩，因为她们俩都是挨着安妮的。所以按照这个假设（即安妮身旁是两个女孩）往下走，那么整个圆形队列就全是女孩了。

而题目中提到这个队列里有男孩，所以不可能全都是女孩。这就是说安妮的身旁是两个男孩，而这两个男孩身旁一边是安妮，另一边则是另一个女孩。按照这种交替方法往整个圆形队列推定，可以得出一共有 12 个男孩和 12 个女孩。

53

$1 + 2 + 3 = 1 × 2 × 3 = 6$

54
答案是 24，它的因数有 1，2，3，4，6，8，12 和 24。

55
转身之前，你要看清楚正面朝上的硬币有多少。要明白一点，对于任意一对被翻转的硬币，要么正面朝上的增加两个，要么减少两个，要么保持不变。所以若一开始正面朝上的硬币数量为奇数，那么不管翻转了多少对硬币，最后正面朝上

硬币的数量依然会是奇数。

所以在你转身回来的时候，先数一下目前正面朝上硬币的数量。如果数字跟刚开始一样为奇数（或者跟刚开始一样为偶数），那么遮住的硬币必然背面朝上。如果刚开始的数量为奇数，现在数出来的数量为偶数（或者刚开的数量为偶数，现在数出来的数量为奇数），那么遮住的硬币必然正面朝上。

这个简单的小技巧也证明了奇偶性的重要性：在本题中，这一套奇偶系统在按对翻转硬币（而不是按个翻硬币）的时候会一直有效。

56

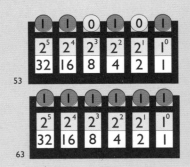

57
除非警察先走，使游戏的奇偶性发生变化，否则窃贼永远会领先警察一步。但这点警察是可以做到的，要抓到窃贼，警察只需要绕着三角形区域走一圈，然后即可在 7 步或 7 步之内抓到窃贼。

58

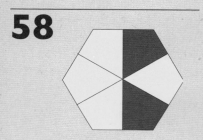

59

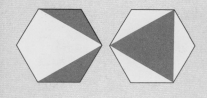

60

让朋友们尽管试，绝对无法成功。因为一次翻转两只杯子，则会使得杯口朝上的杯子数量要么为二，要么为零。而且尽管在前一种范例中杯口朝上的杯子只有一个，所以再翻动两个就可以达成三个的目标，但是第二个范例中杯口朝上的杯子一个都没有。在这样的情况下，一次性翻转两个杯子只能让你的朋友来回往复在零个杯子口朝上和两个杯子口朝上之间，永远也不可能做到三个杯子口朝上。换句话说，第一个范例为奇数性，第二个范例为偶数性，两个范例中，一次翻转两个杯子不会改变其奇偶性。

61

62

很多人在解这道题的时候表示题目中给出的信息不足以进行解题，其实这是由于解题的目光太狭窄。

关键在于了解灯泡的属性：灯泡除了能照明，也会发热。即便是断电几分钟之后，灯泡表面依旧会有余温。

了解到这一点之后，解这道题就非常简单了。首先打开 1 号开关，开几分钟让灯泡温度上升起来。接着关闭 1 号开关打开 2 号开关，然后迅速前往阁楼。如果发现灯泡亮着，那么2 号开关则控制这盏灯；如果发现灯泡没亮但是温热，则 1 号开关控制这盏灯；如果发现灯没亮，灯泡也是凉的，那么还没打开过的 3 号开关控制这盏灯。

63 这是一个必输的赌注。开关的位置有六种可能的组合，其中只有三种能在拨动一个开关的情况下让灯亮起来。

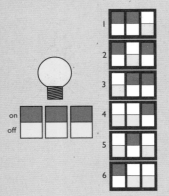

64 可以做出三种不同的项链。三种项链是由绿珠子之间红珠子的数量来区分的：0个、1个和2个。

65 杯口上下的设置一开始就是奇数性，所以每次进行偶数的操作并无法改变其奇偶性。所以最后要达成杯口朝上或者朝下都是不可能的。

66 最后的项链涂色如下：

67 这种解法是唯一的解法。
现在将信息存储量更大的二进制轮用于电话传输和雷达测绘中进行信息加密。加利福尼亚大学戴维斯分校的数学家谢尔曼·K·斯泰因将这种二进制结构称为存储轮。也有人将其称为乌洛波洛斯之环，这个名字源于那只吃自己尾巴的神秘大蛇。

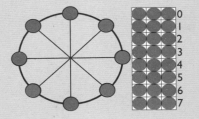

68 至少有两种解法：
① 1-1-1-1-0-0-0-0-1-1-0-1-0-0-1-0
② 1-1-1-1-0-0-0-0-1-0-0-1-1-0-1-0

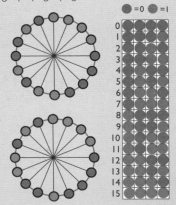

第2章

69 这类问题必须要使用系统思维才能拨开迷雾，否则会把你的思维逻辑搅得一团乱。最好是通过列表的方式将各种不同的可能性呈现出来。顶部横排列出职位，侧面纵列写出名字。将逻辑上说不通的用╳表示排除，将有可能正确的答案用*表示。

	董事长	总监	秘书
盖里	╳	·	╳
安妮塔	╳	╳	*
萝丝	*	╳	╳

接下来按照以下各种假设推进：

盖里有一个哥哥，而秘书是独生子女，所以盖里不是秘书。

萝丝收入比总监高。秘书的收入最低，所以萝丝既不是总监也不是秘书。

所以最后的结论是：安妮塔是秘书，盖里是总监，萝丝是董事长。

70 乍一看，一般人第一反应就会认为，既然男孩和女孩出生的概率相等，那么另一个孩子也是女孩的概率肯定是二分之一啊。

第一反应的答案是错误的。史密斯夫妇两个孩子会有四种可能的组合：男孩和男孩，男孩和女孩，女孩和男孩，女孩和女孩。有一种可能性（男孩和男孩）可以排除，但其他三种可能性的概率是一样的。而剩下的三种可能的组合中只有一种包含两个女孩，所以史密斯夫妇有两个女孩的概率为三分之一。

本题是一个条件概率的典型示例——即在一个事件已经发生的情况下，计算另一个事件的概率。此类概率的结果通常同人们的第一直觉相悖，而且常常让人出现误解。

71 其实真正的问题不是怎么建，而是建在哪。唯一可能的地点，只有北极。

72 5种图形可以产生120种不同的组合，而前三条规则就可以将这120种组合中的118种排除掉。而最后一条规则就可以在剩下的两种组合中确定一种了。

73 店员忘了告诉女士，这只鹦鹉耳聋了。

74 跟"fish"的发音一样。

75 这个纸条的意思是：I ought to owe nothing for I ate nothing（我什么都没吃，所以也不欠什么账）。

76 绿色。

77 群鸟中，50% 都被其他一只鸟看着，另有 25% 是被其他两只鸟看着，也就是最后还有 25% 没有被其他鸟看着。

78 他是先跟这个妹妹结的婚。

79 第一个孩子说自己说的是真话。如果他确实说的是真话，那么这句陈述为真。如果他说的是假话，那么这句陈述为假。

而不管第一个孩子说的是不是真话，第二个孩子的陈述都是真话。因此这个孩子说的是真话。

而第三个孩子的陈述的真实性取决于第一个孩子的陈述真实性。如果第一个孩子的陈述为假，那么第三个孩子的陈述为真；如果第一个孩子的陈述为真，那么第三个孩子的陈述为假。

以下为可能出现的两种结果（从左至右）：

说假话的 – 说真话的 – 说真话的

说真话的 – 说真话的 – 说假话的

不管是哪一种结果，都是两个人说真话，一个人说假话。

80 拿出红球的概率为 $^{20}/_{50}$，即 40%。而拿出蓝球的概率为 $^{30}/_{50}$，即 60%。

81 选择同雷龙战斗更好一些。虽然打败剑龙的概率为 $^1/_2$，但要连续打败三头剑龙的概率则为 $^1/_2 \times ^1/_2 \times ^1/_2$，即 $^1/_8$。

82 应该赌。至少一个人拿回自己帽子的概率约为 66.5%。

83 这个说话是错误的。的确，一个低概率事件发生两次的可能性是很低，但是这个水手的生命安全性并不是按照再来一枚炮弹打到洞里这种随机属性来计算的。首先，炮弹的落地点并不是完全随机的——炮弹需要瞄准，而炮手如果发现之前的一发打准了，那么他必然会按照之前的方式再打一发。其次，一个随机事件每次出现后，那么这一事件再次发生的概率仍然保持一致。所以，即便是炮弹一开始并没有刻意瞄准，其击中的位置在下一发打出来的时候再次被击中的概率，同其他位置是一样的。

84 两个面图样一致的概率为 $^2/_3$。如果拿出的硬币为字朝上，那么会有三种可能的情况（不是两种）：

①这枚硬币一面是字一面是图；

②这枚硬币两面都是字，正面朝上；

③这枚硬币两面都是字，背面朝上；

三种情况中的两种都是满足两面

图样一致的要求。

这个答案太过于出乎意料，很多人都无法理解。如果你也怀疑这个答案的正确性，你可以用硬纸板剪出几个"硬币"来进行试验。持续记录你的实验结果，看是否跟我刚才解析的结果一致。

85 1号是杰里，喜欢鸡肉；2号是伊凡，喜欢蛋糕；3号是吉尔，喜欢沙拉；4号是安妮塔，喜欢鱼。

86 唯一保证赢钱的方法——自己开赌场！轮盘赌和其他的赌场玩法从长远来看，都可以保障开赌场的人得到的利益远比付出的成本高。每一个在赌场赢钱的人，背后都有许多输得相当惨的人。

87

88 两个继承人互换马骑。

89 86。

90 弹出三颗弹珠会有六种可能的结果，而其中的四种是彼得赢，所以彼得获胜的概率为三分之二。

91 第一排是：Just between you and me（仅在你我之间）。

第二排是：Split second timing（将第二次测速分隔开）。

92 1、"三"（"three"）这个单词拼错了。

2、"错误"（"mistake"）这个单词应该写成复数形式，即"mistakes"。

3、这个句子只有这两个错误，所以整个句子陈述有误，这就是第三处错误。

93 数一下字母就会发现，字母D有1个，字母I有2个，S有3个，C有4个，O有5个，V有6个，E有7个，R有8个。所以秘密单词为：DISCOVER（"发现"的意思）。

94 如果长期看来，拿A骰子的人赢的概率在55%左右，如下表所示。

B\A	2	4	5
1	L	L	L
3	W	L	L
6	W	W	W

95
RANGE 和 ANGER。

96
最后的图组中，矩形和椭圆形没有重叠到。

97
纸上有 14 个正方形，一面有 6 个，另一面有 8 个。

98
通常人们给出的回答是大约需要中转 100 人，但根据马萨诸塞州的哈佛大学的研究结果，在美国任意两个陌生人只需要通过 5 至 6 个中间朋友就可以互相认识。

这个问题叫作"小世界难题"，有一个非常风靡的益智问答游戏也是要求通过 6 个步骤将凯文·贝肯（Kevin Bacon，美国演员、导演——译者注）跟任意一个演员搭上线。这个游戏也是以"小世界难题"为基础的。其实无论是好莱坞还是整个大世界，都是一种网络的形式，是具备众多交互连接的系统的。相识的人之间的连接链一直都非常重要，而随着过去这 50 年间全世界在交通和交流方面创造的革命性进展，全世界的人们都只需要仅仅几步就可以同全球任意一个陌生人建立连接。

99
只有第二句是正确的。第三句话就把第一句和第二句都排除了。

100
那个人意识到，如果他的脸是干净的，其他两人之一会意识到自己的脸被煤烟熏黑了。既然他们俩都笑个不停，他就明白了他自己的脸肯定也是黑的。

101
乍一看，袋子里的球是红球的概率是 $\frac{1}{2}$。但实际上会有三种（不是两种）可能存在的情况：

① 最开始的红球（A 球）被拿出来了，剩下一个后放入的红球（C 球）在袋子里；

② 后放入的红球（C 球）被拿出来了，剩下一个最开始的红球（A 球）在袋子里；

③ 后放入的红球（C 球）被拿出来了，剩下一个蓝球（B 球）在袋子里；

根据以上分析可以看出，袋子里剩下的球为红球的概率为 $\frac{2}{3}$。

第一次拿出球是红球的概率为 $\frac{3}{4}$，而在第一个球拿出后，概率就发生了变化。

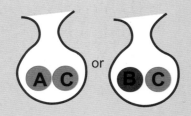

102

```
 6  +  6  +  8  +  8  = 28
 +     +     +     +
 6  +  6  +  6  +  6  = 24
 +     +     +     +
12  + 12  + 10  +  8  = 42
 +     +     +     +
 8  + 10  + 12  +  6  = 36
 ‖     ‖     ‖     ‖
32  + 34  + 36  + 28
```

103
概率不是三分之二，而是三分之一。其实很好理解。先任选一张牌，然后剩下的三张牌中，只有一张同一开始选的那张图案一致，所以概率为三分之一。

朋友的说法不对的原因在于这三种组合的概率并不一致。

104
答案是：ONE WORD。

105
答案很出人意料，只需要23人，就可以使得这之中有2个人生日相同的概率达到大约50%。

要计算出这个概率，首先要测算每个人生日都不同的概率是多少。如果只有2个人，生日不同的概率会非常高，大概为 $364/365$。如果是3个人，概率些许下降，为 $363/365$。而同时3个人之中也包含2个人，所以这两个概率要相乘。沿着这个思路往下走，直到指定的一群人每个人生日都不一样的概率低于50%，那么就可以说其中有两个人生日相同的概率就大于50%了。

在人数达到90人或以上时，这个概率可以接近100%了。

如果一定要有两个人同一天生日，至少需要邀请367人（闰年有366天）。

106
虽然A和B都是神枪手，但C的存活率要比A和B高出一倍。

答案其实很容易想到。如果A或B抽到了第一枪的签，那么他俩肯定是要先消灭对方（因为对A和B来说，互相就是最大的威胁），跟C的对决还有点机会。然后对C来说，他有50%的概率打中剩下的人，也有50%的概率打不中而被别人击中。如果C抽中第一枪，他最好的策略是故意打偏，因为如果他真的打中了A或者B，那么剩下的那个人必然不会对C手下留情。

所以，C的存活率是50%。

A和B的存活率相同：如果他俩都没抽到第一枪，那么第一回合就会被枪击；如果抽中的第一枪，A或B必然朝对方开枪，剩下的人跟C对决。两种结果的概率是一样的，所以A和B的存活率为0%加上50%，再除以2——即25%。

107 计算概率的时候，数学家们通常将其限制为四种结果：正面—正面、反面—反面、正面—反面以及反面—正面。但是还有 50% 的概率为另一种结果—— 一种无法计数的结果。比如说硬币立起来了，也有可能掉入地缝里不见了，也有可能抛起来的时候被小鸟叼走了。可能数学家们在计算未来的概率时应该将这些状况纳入考虑中。

108 对于我们这个抛硬币的试验，我们竟然在本福特定律中找到了一个概率，让人惊讶不已。在二百次的抛硬币过程中的某一个节点会出现一个无法改变的概率，即会抛出连续六次或六次以上的正面，或者连续六次或以上的反面。大多数造假的人并不了解这一点，所以在其造假的记录中肯定不会写入这些非随机事件。

109 此类题目是否存在一个通用公式，困扰了数学家们几百年。最实用的解题法还是采取简单的试错好一些。36 个人站成一圈，死敌最合适站立的位置为第 4、第 10、第 15、第 20、第 26 和第 30。

110 两个骰子得到的数字之和，有这么六种偶数结果：2、4、6、8、10 和 12——但只有五种奇数结果：3、5、7、9 和 11。

不过，根据下面图表显示的结果，要掷出一个奇数和有 18 种方式，掷出偶数和也有 18 种方式，所以以两个数字之和为偶数和奇数的概率是对半的。

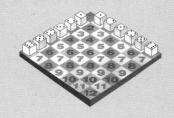

111 任意掷出一次骰子，不出现六的概率为 $^5/_6$。而每次投掷的概率都是独立的，那么在指定掷骰子次数中掷出六点的概率计算如下：

　　掷两次：$^5/_6 \times ^5/_6 = 0.69$
　　掷三次：$^5/_6 \times ^5/_6 \times ^5/_6 = 0.57$
　　掷四次：$^5/_6 \times ^5/_6 \times ^5/_6 \times ^5/_6 = 0.48$

　　也就是说，掷四次骰子通常至少会掷出一个六点。

112 公元 17 世纪，法国贵族安托万·贡博很喜欢赌博，但总觉得运气老是不偏向自己，赢钱概率太低，因此就跟著名数学家布莱士·帕斯卡以及皮埃尔·德·费马讨论这个问题。两位数学家发现，掷骰子 24 次扔出双 6 的概率为 $1-(^{35}/_{36})^{24}$，约等于 49%。这个数字从长远看来是亏的。贡博的一个小小请求，竟然成为概率学诞生的标志。

第3章

113

114
a-5, b-1, c-9。

115
有两种长度——10根长的，10根短的。每种颜色都有两种长度。这些小棍的拿取顺序为：短黄—短橙—短红—短粉—短紫—短浅绿—短深绿—长浅蓝—短深蓝—长黄－长橙—长红—长粉—长紫—长浅绿—长深绿—短浅蓝—长深蓝—短蓝紫—长蓝紫。

116
只有2和9是拓扑相等的。

117
下面的答案阐释了双色定理。

118
顺时针顺序：黄色三角形—橙色五边形—红色七边形—粉色九边形—蓝紫色正方形—淡绿色六边形—蓝色八边形—紫色十边形。

119
至少需要三种颜色，下图是多种填色方法中的一种。

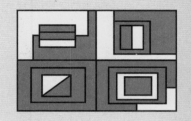

120

121
至少需要8种颜色，如下图所示。

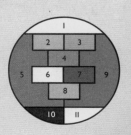

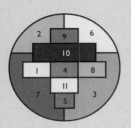

122

123
拓扑学上，字母E同F，G，J，T和Y是相等的。

ABCDE
FGHIJ
KLMNO
PQRST
UVWXYZ

124
三组四连张为：① 1-9-11-14　② 2-3-7-13
③ 4-5-6-8，剩下的就一对图形了：10和12。

125

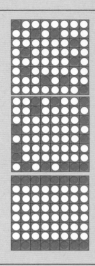

126
以下是其中一种解法。

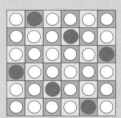

127
唯一一种解法如下图所示。

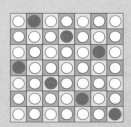

128 共有十二种不同的解法（通过旋转和对称能相等的解法不重复计算），下图为其中一种。

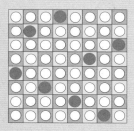

129 下图为四种解法中的一种。

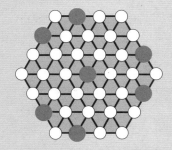

130 除了五边形，其他图形都可以通过切割一刀得到。

131 按下图所示拆出 2 个珠子，会形成 5 个长度的项链：1 个珠子，1 个珠子，3 个珠子，6 个珠子，12 个珠子。将这些长度进行不同的组合即可形成 1 到 23 之间各个长度的项链。

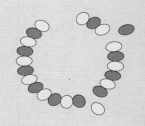

132 拉紧之后，只有两个圈会打结。一个在右下角，另一个在中间靠左。

133 绳子互相重叠处有三个交点，这段绳子会有八种不同的可能情况，其中只有两种能形成结，如下图所示。所以，概率为 $1/4$。

134 24 个互相连接的小立方体组成了一个常见的反手结。

135

136

第一步：

第二步：   第三步：

137
其实，要把一张新报纸折叠 8 次或 9 次以上，基本上是不可能的。不管纸有多大，有多薄都不行。

每次折叠，都会使叠起来的纸厚度乘以 2。折一次为 2 页厚，折两次就 4 页厚；折 9 次会使厚度达到 512 页——基本上跟一本小号的电话黄页簿差不多厚。这种厚度已经没有办法再对折了。

138 需要 19 步。

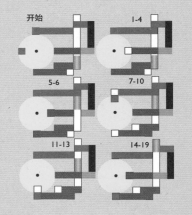

开始   I-4

5-6   7-10

11-13   14-19

139

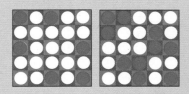

140

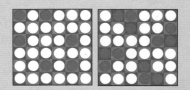

141

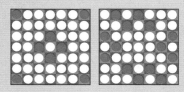

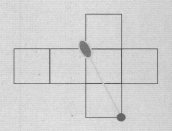

142

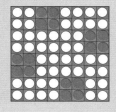

143

有 10 种不同的方法。

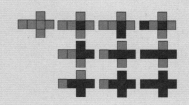

144

实际上最短的路径并不会走到立方体的棱上。换个方式思考会简单一些，想象将这个立方体平铺开，如下图所示。你可以在瓢虫和蚜虫之间做一条直线，你就能看到最短的路径并不经过立方体的棱。

145

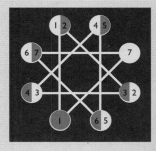

解题的关键在于要将每一枚棋子放到前一枚棋子起始点所连接到的圆中。按照这个策略，总会有一条路径是空出来的。

还有一种比较像试错法的方式，就是先放入七枚棋子，然后按照这个规则反向推，把每一步都记下来。你也可以想象把这个星形展开成圆，也有助于你轻松得到答案。

这个谜题引入了两个概念，一个是"时钟算法"，一个是有限数系统。这种星轨可以看作是系数 8 带一个 +3（或 −5）的衔接运算，也就是说围绕一个圆有八个点，每三个点相连形成一个单独的连续轨迹。

146 黄色和橙色；红色和绿色；粉色和蓝色。

147 将其中一组三连套解开成三个单独的环，用来焊接到其他四组三连套上。

148 左下角的那个。

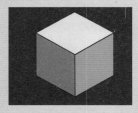

149 正四面体组装时无法将空间填充满。如果将四个金字塔形组合起来形成一个较大的四面体，中部会留下一个正八面体的空间。

因此，这个金字塔需要用十一个四面体和四个八面体来构成。

150 搭出这样一个单面立方体戒指最少要使用 10 个小立方体。

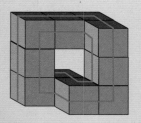

151 2 号、3 号、4 号、5 号和 10 号图形是一样的，7 号、8 号和 9 号图形是一样的。1 号和 6 号图形同其他都不一样。

152 把立方体拿起来，让一个角正对自己，这样的视角看正方体就是一个平面的六边形。现在就比较明显了，刚好有比较大的空间可以在中部形成一个正方形的洞，这个洞刚好比原正方体的一面稍大一些。

假定原正方体的边长为 1，那么可以穿过的立方体的边长大约为 1.06。

153 这道题比较难，需要使用系统思维。可以先列个表，写出各种颜色组合出的不同立方体的数量：

涂成红色的边角数量：
8-7-6-5-4-3-2-1-0
对应涂成黄色的边角数量：
0-1-2-3-4-5-6-7-8
对应可以构成不同立方体的数量：
1-1-3-3-7-3-3-1-1
所以，一共有 23 种涂法。

154 绿色的圈。

155 只有黄色、绿色和橙色的图纸可以叠成正方体。

156

157 切割下来的四面体是原立方体体积的六分之一。

158 无法找出这样的路径。最接近要求的路径也会跳过一个房间不经过。

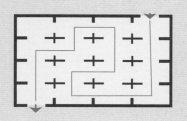

159 重量是个相对概念，所在的星球不一样，你的体重也会有变化。但弹簧秤在哪里都是可以测出你的体重的——不过很多时候测出来的结果都是0。

160 不一样。月球上的引力只有地球的六分之一，所以宇航员在月球上的体重只有在地球时的六分之一。

161 如果缓慢匀速地拉动下端的线，则上端的线会承受书的重量和手的拉力，所以上端线的张力大于下端线的张力，因此上端的线会先断。

但如果是用力急拉，这时候惯性就要参与作用了。在刚开始急拉的时候书并不会受影响，所以急拉的拉力并不会传导到上端的线上，这样一来下端的线承受的张力更大，所以下端的线先断。

162 最大最重的苹果会走到表层。当底层的苹果密度达到最高值时，这一盆苹果的排列也会稳定下来不再变化。物体的体积越小，那么其见缝插针往下层掉落的可能性就越大。所以，在一堆混合苹果中，体积小一些的苹果比大苹果排列的密度要高，所以最终会沉到最底下。

163

无论钢球是多大，对于每1立方米的空间，打包装好的球体所占的总体积大概为0.5235立方米。这一点跟钢球的大小无关，只要球体半径比立方体小就可以。

尽管小球体打包装好之后，相互之间剩余的空间已经很小了，但这些空间加起来的总量还是挺大的。每个立方体的重量相同。

164

这个思维试验是由伟大的阿尔伯特·爱因斯坦设计的，用来论证他的等效原理：引力场中的静止效应同加速系统中的静止效应完全一致。

如果是如题所述的处于某一加速中的火箭里，你会感觉到有一股把你往地面拉的力作用在自己身上，这股力跟在地球上的感觉一样，而且同样在加速的火箭中物体也是以同样的速度掉落，虽然两种体验都跟在地球上没有什么差别，但实际上却并不是你自己和物体在往下掉，而是地面在往你的身体和物体方向上升。

在没有其他信息的情况下，是没办法分辨自己是在地球上或是在升空中的火箭里的。

165

根据我们的常识，好像重物体要比轻物体加速快，但根据实验科学的论证，发现并非如此。

牛顿第二运动定律告诉我们，加速度跟力的大小（此题中也就是重量的大小）成正比，同质量成反比。这个等式写出来就是：

$$a = f/m$$

等式中，a代表加速度，f代表力，而m是质量。

质量所带来的阻碍运动的力，叫作惯性。因此虽然一块大石头比小石头重100倍，但同时质量是小石头的100倍（惯性也是100倍），所以两个数字一约分，对结果无影响。

总体来说，不考虑空气阻力的情况下，在近海平面的高度，任何物体的加速度都是9.6米每二次方秒。

166

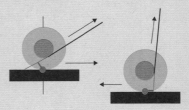

如图，如果拉力方向同地面之间为较大的锐角，那么产生的扭矩会让线轴往前走（即远离你的方向）。如果拉力方向同地面之间形成的角很小，则产生一个反扭矩，让线轴往回走（即面向你的方向）。

167 摩擦力会一直起作用，防止木棒掉落。距离木棒中心较远的手指承受的重量较小，所以产生的摩擦力也较小，所以这根手指会先移动。而这根手指在向中心移动的过程中，同重心的距离越来越近，承受的重量也会越来越大，在某一个点上，木棒和手指之间的运动摩擦力将超过木棒同另一根手指之间的静止摩擦力。这个时候第一根手指将停止移动，第二根手指开始往重心靠近。这个过程中，两根手指会来回轮流往重心方向移动，最后两根手指在重心位置汇合。

如果从中间开始，那么先动的手指就会立即减少受力，并在移动过程中持续减少受力。这个过程中不会出现轮流移动的情况。

168 两种情况重量相同。秤上显示的重量取决于瓶子的重量以及瓶子中的东西，这一点不会改变。当苍蝇在飞的时候，苍蝇的重量通过气流转移到了瓶子上，尤其是苍蝇在挥动翅膀时产生的下沉气流。

169 天平两边各放三个包裹，如果某一边偏重，那么戒指就在重的这三个包裹之中。如果天平平衡，则说明戒指在没放到天平上的那三个包裹里。现在把范围已经缩小到了三个包裹，那么再任意从这三个包裹中取两个放上天平的两边，

戒指自然在较重的那个里；如果天平平衡，则戒指在剩下的那个包裹里。

170 黄色的水壶，其壶嘴同整个壶的高度相当，所以这个壶可以装满水。绿色的壶虽然更高一些，但壶嘴的高度低于整壶的高度，因此绿色的壶是装不满水的。因此黄色的水壶装的水多一些。

171 顺时针方向。

172 先让两个计时器同时开始漏沙计时，当三分钟的计时器漏完之后，将其迅速翻转再次计时。接着等四分钟的计时器漏完的时候，再次迅速将三分钟的计时器翻转——这就相当于在四分钟的计时基础上单加了一个一分钟的沙漏，正好五分钟。

173 顺时针方向。

174 这个悖论在刚发现的时候，很多人提出了各种复杂的原理来解释沙漏的这种现象。

但其实这里面的机制很简单。

圆柱体翻转的时候，沙漏中的沙从下部转到上部，所以沙漏的重心也转移到上部，而重心升高会使得沙漏有翻转倾向，同时浮力也对沙漏的玻璃提供了向圆柱体玻璃挤压的力。另外，沙漏玻璃同圆柱体玻璃之间的摩擦力使得沙漏静止在原位置，等沙慢慢从上部漏到下部，重心也从上转下之后，沙漏被解放出来，浮至顶部。

175 如果力量足够，扔出去的飞盘会一直围绕地球旋转，不会掉下来。这个高度没有空气，也就不存在空气阻力，飞盘无须额外推力也可以一直沿绕轨道飞行，变成地球的卫星。

月亮和人造通信卫星围绕地球运转的方式，跟行星围绕太阳运转的方式一样。

176 顺时针方向。

177 两条齿轨都会向上移动。

178 向左。

179 最左侧的齿轮按顺时针方向转动 $1/4$ 圈即可拼出单词：LEONARDO（列昂那多）。

180 无法承受这个重量。根据牛顿第三运动定律，每一个作用力都具有一个大小相等、方向相反的反作用力。小丑需要用力才可以将铁环抛起到空中——这个力必然大于铁环本身的重量。因此，这个抛铁环的力加上小丑的自重以及其他铁环的重量，必然大于桥的最高承重，使得桥崩塌。

181 史密斯先生应该向后扔出飞盘。这样一来在小狗往回跑去追飞盘的这段时间，史密斯先生依旧在往前走，对于小狗来说捡到飞盘返回的时候就需要多跑一段距离。

182 很多人在解这道题的时候都被题面的信息迷惑了，直接就采用高等数学中无限序列求和的方法来做。其实答案很简单：两个慢跑者需要 1 个小时才能相遇，而苍蝇 1 个小时能飞 10 公里。

马丁·加德纳在他的大作《时间旅行及其他数学困惑》里，讲到了匈牙利数学家约翰·冯·诺依曼的一个故事，说诺依曼一次在参加某个派对的时候有人向他提了这样的问题，而诺依曼立刻就给出了正确答案，使得提这个问题的人很是失落。这个人说通常数学家们都喜欢忽略明显的答案而投身于花费大量的时间用无限序列求和的方式来解这个问题。然后诺依曼惊了一下，说："但我就是这么算出来的啊……"

183

负重在中间的木环会先到。由于负重在中间位置，那么重量对木轮转动的阻力就要小于在轮圈处负重所产生的阻力，也就是说这个轮子加速会更快。不过，虽然说另一个木轮的负重相对处于外侧，加速的确会慢一些，但同时减速也会慢一些，所以这个木轮的滚动距离会远于负重在中间的木轮。

184

可以达到预期目的。作用在水桶上的除了重力还有其他的：在砝码负重的影响下，悬空梯腿的质心转移到了转动轴心附近，在合力扭矩的作用下，悬空梯腿的尾端呈现的下降速度要高于自由落体的速度。只要水桶最后的落点在保龄球落体直线上，球就会落进水桶里。

185

扔出瓶子的高度必须是原高度的四倍。

直觉可能会认为从原高度两倍的高度扔出即可。但要使得速度翻倍，那么落体的时间必须翻倍，也就意味着这个抛物系统必须要注入四倍的势能。

186

一天下来，青蛙向上移动的距离为1米，经过17个整天之后，青蛙离井口还有3米。所以青蛙在第18天时就能爬出井口。

187

所谓速率，就是某一特定方向上的速度。那么由于球的运动方向持续在变化，所以速率也在持续变化。

速率的变化表明加速度在作用，球在向圆周中心加速。实际上，任何按圆周运动的物体都是向圆周中心加速的。而加速对速率的改变程度，刚刚好够小球沿着圆周路径持续运动。

如果连线突然断掉，小球会沿着圆周某一点的切线方向直线飞出去。

188

高尔夫球击飞时都是后旋的。球面上的凹坑会锁住一层空气促进球体旋转。锁住的空气顶层流动速度要比底层快，给予球体更大的升力。这就是伯努利原理，也是现代飞机飞行的基础。

如果高尔夫球做成表面光滑的，那么其飞行距离只有布满凹坑的高尔夫球的一半。

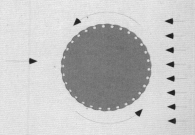

189 凳子会带着男孩往相反的方向转动。两个相反的转动能量互相抵消，角动量守恒。

190 不会出现什么情况。轮胎角动量的反馈会引导凳子往地面方向驱动。

191 答案比较意外，两个钟摆最后的能量竟然不一样。能量会在两个摆之间周期性地互相传递，有时这只停下来，有时是另一只停下来。

当其中一只摆开始运动一段时间之后，其能量会传递给另一只摆，另一只摆开始逐渐接管这次摆动。先开始运动的摆最终会逐渐停下来静止，整个摆动过程再次重复。

192

将红酒杯倒扣在弹珠上，然后将酒杯环形绕动，使得弹珠在酒杯内侧旋转起来。当弹珠转稳之后，就会逐渐脱离桌面。当转速够快时，即可将酒杯抬离桌面，弹珠并不会立即掉落，而是持续以自己的动量旋转。

193 这种啄木鸟玩具就是一种机械振荡器。套在垂直木棒上的圆环，其中部的孔洞比木棒的直径稍大。啄木鸟静止的时候，圆环靠摩擦力停留在木棒上。而在啄木鸟开始动的时候，圆环在各次振荡的中点位置都是处于竖直状态。由于这个时候圆环并没有同木棒接触，所以就会沿着木棒下滑一点儿距离。而这一点点的下滑带来的晃动就足够啄木鸟保持振动了。所以每次下滑的时候势能都会转换为运动——动能。

这种振荡啄木鸟玩具也很好地阐释了祖父钟的基本原理：简单的逃逸机械。

194 悬挂的物体在转动的时候都是围绕其最大转动惯量的轴线进行旋转的。

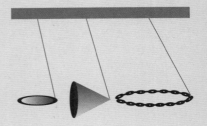

195 右手向前推手里的把手，同时左手向后缩回，会使得轮子往左倾斜。

正确的做法看似比较矛盾。要使得凳子往左旋转，小男孩需要将把手右侧向上推，左侧向下推。然后他就可以直观地感受到陀螺进动——所谓陀螺进动，就是旋转物体的轴心通过往倾动力的直角方向移动来抗阻这个力的属性。

在这个示例中，自行车轮子就跟陀螺仪一样，在对倾动力进行阻碍的时候，轴心要向其直角方向进行旋转。轮子的左转转化成为凳子的旋转。

轮子在转动的时候无法改变速度和方向。如果没有从特定方向对其施加推力，轮子会一直按照同一个方向旋转下去，如果你试图转动轮子，轮子就会倾斜。如果你倾斜轮子，轮子就会转动。

当然，所有高速旋转的物体都会出现这种陀螺仪现象——自行车骑手和摩托车骑手会经常感受到这种陀螺仪效应。

196 她会加速旋转。当她将胳膊收回胸前时，身体会由于重量更多地集中在中心位置而使得转动惯量减小，作为惯量减小的补偿，她的角动量会增大。如果她自己觉得转得太快，她可以再次将双臂展开来减速。

所有移动的物体都具备移动的能量，即动能。旋转的物体储存的动能受两个因素影响：自身重量分布的方式以及旋转的速度。

这一知识的应用实例就是飞轮，不过是反向应用。飞轮在旋转的时候会尽可能多储存能量，所以大多数飞轮的重量都集中在轮圈上。

197 由圆柱体旋转所产生的向心力，方向是垂直于墙面的，并产生摩擦力。当圆周加速度足够高的时候，摩擦力将克服引力使得表演者在底部撤掉之后也可以不掉下来。

198 约翰打出的枪眼所造成的裂纹是其他两处枪眼裂纹的起始点，那两处枪眼的裂纹是从约翰打出的枪眼裂纹所衍生出去的，所以是约翰开的第一枪。

199 下降的时间比上升的时间长。

小球在上升的时候要对抗空气阻力，并且会持续丢失能量。所以，小球在上升到某个点的时候的总能量，要比小球再下降到这个高度时的总能量要高。而小球的势能（因升高所带来的能量）在这两个点完全相同。而这种能量的差值则是由于动能减少造成的。

也就是说，小球下降的速度会更慢，要走过相同的距离需要的时间也更多。

200 这个垫圈的各项数值都会扩大，那么当然孔洞也变大了。

201 相比放射结构，树枝结构要更加经济一些。尽管平均路径长度会稍微长一点儿，但总长度要比放射结构小很多。所以诸如树木、血管、河流甚至地铁线都是采用树形结构的。

202 两个球会互相靠拢。在两个球中间流动的空气要比周围的空气压力小，所以两处压力的差值就使得两个球互相靠拢了。

这就是伯努利原则的一个简单示例，将空气速度和空气压力连接在一起。这也是飞机飞行的原理。

203 根据阿基米德定律，一个物体能浮起来，是因为其排开的水量等于物体的重量。所以小鸭子如需在搭载金属环的情况下浮起来，它排开的水量必须等于金属环的重量。

由于金属比水的密度大，所以排开的水的体积必然大于金属环的体积。当金属环掉入水里沉底时，金属环只排开了等于其自身体积的水量。

所以金属环滑落入水后，浴缸中的水面会下降。

204 机翼这样设计，目的在于让上表面的空气流通速度高于下表面的空气流通速度。因此，机翼的上表面要比下表面长。

根据伯努利原则，高速情况下机翼上方的气压会降低，从机翼下方产生合力，这个合力叫作升力。这股力在飞机飞行过程中保持飞机抬升在天空中。飞行过程中，整个飞机的载重，包括飞机、燃油、乘客、货物都在对飞机施加一股极大的下沉力。不过升力克服了这个总重量，使得飞机不会掉下来。

205 空气在快速流动的时候气压比较小，而一股向上直冲的空气可以将诸如乒乓球这种轻质物体悬停在半空中。乒乓球在悬停时会不停地摇摆，但只要其偏向一侧，这股气流外侧的大气压就会将乒乓球推回到中间位置。

206 轻质的乒乓球在静水中会上浮得非常快。

而水在搅动状态下，乒乓球的浮力会大幅下降。液体的运动会产生高压，使得乒乓球无法轻易排水。

207 气流会造成低压区，使得两处火焰互相靠近。

208

题目看上去比较纠结，但实际上，茶杯中的牛奶含量同牛奶杯中的茶含量是一样的。请观察下方的图表，两个杯子中的液体容量在各次转移之后并没有发生改变，从 A 杯向 B 杯转移的液体净容积，同从 B 杯向 A 杯转移的液体净容积互相抵消。

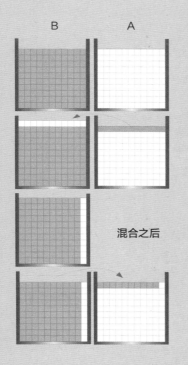

B   A

混合之后

209

大雨滴坠落的速度更快。

雨滴坠落受到两个因素的影响——重力和空气阻力。空气阻力的大小同雨滴的横截面大小成正比，而且随着速率的增长而增长。起初，空气阻力对雨滴的减速效果并不明显，而且在持续的重力影响下，雨滴下降的速度会越来越快。速度增大的同时，阻力也在增大——当速度增大到一定程度时，空气阻力变得同重力一样大，只是方向相反。从此刻开始，雨滴将以恒定的速度下坠，这个速度叫作收尾速度。

而重力的增长是同雨滴的体积成正比的，为雨滴半径的立方。另一方面，空气阻力是随雨滴横截面变大而增长的，为雨滴半径的平方。如果雨滴的半径增长，重力增长的速度要快于反向的空气阻力增长的速度。雨滴在空气阻力带来明显减速之前就可以达到一个很大的收尾速度。

210

水平面会保持不变。

冰山所排开的水的重量恰好等于冰山的重量。而冰山融化的时候，冰不过是重新变成水的形态，填充到之前排开的水所占的体积之中。

冰山露出水面的体积恰好等于水在冻结成冰时因膨胀而增加的体积。

211

在挥动管子的时候，摆动端的空气压力会比握在手里那一端的空气压力小。这种气压差会使得空气从管子中流过，而空气在通过管子内部的波纹管壁时会出现振动。

212 当手指伸入水中的时候，手指占据了原本水所在的位置，所以杯中的水面上升。

手指不仅占据了部分水的位置，同时还代替了那部分水的重量。所以在这个基础上，再加上被排开的水的重量，整个杯子就加重了。用于排水的东西的重量并不会影响结果，也可以用气球，或者圆柱形铅块。

213

将杯子装满水，让水面略高于杯口但水又不溢出来，形成一个"凸边"。然后把软木塞放入杯中。此时软木塞就会自动漂到最高点，也就是水杯中心，并保持不动。

214 实际上，放大效果会减弱。透镜能折射的光线量，取决于玻璃的曲率以及光在空气中和水中的速度差。由于从水到玻璃的光速差要小于从空气到玻璃的光速差，因此透镜对光线的折射能力会减弱，因此对图像的放大能力要弱一些。

215 据我自己之前的试验，即在满杯水中持续放入硬币直到水溢出杯子，在溢水前我一共放进去 52 枚硬币。

水的表面张力很强，就像其表面有一层弹性皮肤一样。这层皮肤提供一个向内拉的力，阻碍水面破裂。一杯水能够在表面形成一个较大凸起而不至于让水溢出容器之外，而且其表面张力还可以浮起轻质物体。如果你将一片干净的剃须刀片轻轻平放在一杯水的水面上，这个刀片真的能"浮"起来——并不是浮力在起作用，而是表面张力将其撑起来了。

216

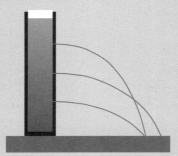

水的喷射距离取决于水在洞口处的流出速度乘以水射到桌面所需要的时间。中间的洞孔射程最远是因为速度随着水深度的平方根而增长（因为有水压），而时间则随着水面高度的平方根而增加。这个乘积在中间是最大的。

217
由于太阳体积巨大，所以影子必然要比实际小，但二者之间的大小差别几乎微乎其微。但如果阳光的方向同阴影面形成一定的角度，比如日落前一个小时或以内，影子就会特别大了。

从一个遥远的物体上发出的各束光线，肉眼看上去感觉像是互相平行的，但其实不然。如果光源的体积大于物体，那么影子（或者垂直于光源的平面）就会小一些。如果光源比物体小，则影子会更大。不过，如果光源同物体之间的距离特别远，那么物体和影子之间的大小差别就几乎可以忽略不计了。

218
仍然是 15 度。尺寸放大的情况下，度量依旧保持不变。

219
下图是一种光线路径。有 10 个镜子进行了转动。

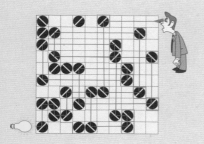

220
只要镜子的悬挂高度正确就可以了，跟你站在镜前多远没有关系——镜子的下端要放置在镜前这个人的眼睛至地面高度一半的位置。

身高

身高的一半

221
3 米。小镜子中的花的镜像在小镜子中呈现的离镜距离与真花离小镜子之间的距离相同，都是 0.5 米，所以花的镜像离大穿衣镜的距离为：0.5 + 0.5 + 2 米，即 3 米。这个距离就是反射镜像在大镜子之后形成的距离。

第5章

222
下图的设计需要 12 个插座。

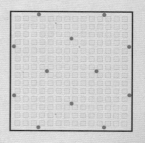

223 如果直接从三维图形观察来解决这类谜题，得到的答案通常都是有问题的，因为部分的角和边是看不到的。所以，应该以拓扑的方式创建一个等价的二维图形，比如下图的这种，在这个基础上进行解题即可。

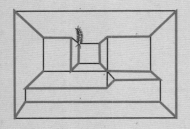

224 这7匹马之中，对于任意一匹马取得第一的情况，都会有6种不同的马取得第二的情况；而对于这42种不同的第一、第二组合，都有5种不同的马取得第三的情况。所以所需的可能组合数量为：7×6×5，即210种。

225

使用圆规和直尺，可以将圆分成任意数量面积相同的形状。只需要将圆的直径等分成所需相同面积的形状

数量，然后以这些点画半圆即可，如图所示。

中国古代的数学家已经掌握这种方法，并画出了阴阳图。

226 考虑到运气最差的情况（即5根红线、5根黄线、5根绿线和1根蓝线），则最少要拿出16根才行。

227 其实小图形重叠大图形的方式并不影响最后的结果，毕竟红蓝图形都不会将重叠部分的面积计算入内。所以，一个比较简单的比较红蓝区域面积的方法为，找出小图形面积之和同最大图形面积之间的差距。

圆形（πr^2）：红色、蓝色面积相等。

正方形（a^2）：蓝色面积更大。

三角形（$a^2 4\sqrt{3}$）：红色总面积更大。

228 不重复的3个字母的不同组合数量有：26×25×24，即15600种。也就是说打开锁的概率只有0.0064%。

229 这样的男孩至少有2个。

230 一共有15种不同的组合。如果把这6条狗以字母A，B，C，D，E和F代替，那么这 15 种组合为: AB, AC, AD, AE, AF, BC, BD, BE, BF, CD, CE, CF, DE, DF 和 EF。

231
用数字 1 至 16 按 4 个数字为一个组合, 共有 86 种组合之和为 34, 这里是其中的 16 个组合。

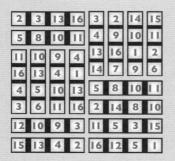

232
简单的乘法就可以找出答案: 26 × 10 × 10 × 10 × 26 × 26 × 26, 即 456976000 个不同的牌照。

233
使用数字 1 至 9 按三个数字为一个组合, 共可以找出八种组合使其和为 15。

234
只需要三种颜色, 如图。

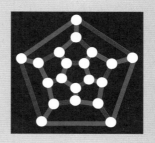

235
需要四种颜色, 如图。

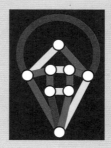

236
机器人显示屏上的每个位置, 都可以出现数字 1, 2, 3 或者不显示。那么, 可显示的单位数有 3 个, 分别为:

1, 2, 3

可显示的两位数有 9 个, 分别为:

11, 12, 13, 21, 22, 23, 31, 32, 33

可显示的三位数有 27 个, 分别为:

111, 112, 113, 121, 122, 123, 131, 132, 133, 211,

212，213，221，222，223，
231，232，233，311，312，
313，321，322，323，331，
332，333

总共是 39 个数字组合。

也可以用下面的公式简单算出来

$3 + 3^2 + 3^3 = 39$

237 这是一类经典的谜题，而本题是由彼得·加博尔做了形式上的调整。句子里一共有 6 个 f，其中"of"这个单词里的字母 f 很容易看漏。

238 所需要的是毕达哥拉斯定理（即勾股定理）来保证面积相等。一组相连的四分之一圆，两条相交的半径是互相垂直的，而与其相匹配的较大的四分之一圆的半径正好可以作为一个斜边，三条线构成一个直角三角形。

239 下面的数字顺序详细说明了每个月新出生的兔子有多少对，从 1 月份新出生的一对兔子开始列出。总共有三百七十六对兔子。

1月	2月	3月	4月	5月	6月
1	1	2	3	5	8
7月	8月	9月	10月	11月	12月
13	21	34	55	89	144

240 士兵总量加上将军，总数必然是一个平方数。将一个数乘以 11 之后加 1 能得到的最小平方数是 100，也就是 $9 \times 11 + 1$。

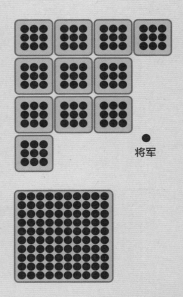

将军

241

242 这类问题通常称为"冰雹问题",因为数字循环的方式跟雷雨时云中冰雹形成的方式差不多。这类问题目前还没有找到通用的解题公式。而且基本上26之前的数字按要求开始后都不会延续太长。比如说从7开始的序列如下:

7,22,11,34,17,52,26,13,40,20,10,5,16,8,4,2,1……

但从27开始的序列比较有意思,在数列的第77位时能达到9232,然后在序列111位进入1-4-2-1-4-2的无限循环。从1到1万亿之间的所有数字都实际测试过,每个数字最后均跌入无限循环中。

243 答案很简单,年轻人应该这样问:"你婚否?"

这个问题不管谁回答都可以得到自己所需的信息。如果这个问题对方回答"是的",那么意味着艾美利亚结婚了,如果回答是"没有",则意味着蕾拉结婚了。善良的艾美利亚总是说真话,如果她结婚了则会回答"是的",如果蕾拉结婚了则会回答"没有"。心眼坏的蕾拉总是说假话,如果她结婚了则会回答"没有",如果她还单身而艾美利亚结婚了则会回答"是的"。

244 只需要将原客人挪到原来所住房间数字两倍的房间内即可。1号房间的客人去2号房间,2号房间的客人去4号房间,3号房间的客人去6号房间,以此类推。这样,所有奇数房间都能空出来。而既然奇数的数量无限,那么所有新客人就能安置入住了。

245 你应该问:"哪条路通往你家?"

如果这个人是真话之城的居民,他就会指向真话之城;如果这个人是假话之城的居民,他也会往真话之城的方向指。

246 任意一个骰子能组合出来的最大的三个面点数之和为15,也就是4,5,6的组合。所以要使得这三个骰子可见的这九个面上的点数之和为40,那么满足要求的组合只有15 + 14 + 11以及15 + 13 + 12。但一个真实的骰子上是不可能出现有三个面上点数之和为13的(不信的话可以找个骰子看),所以剩下唯一一种组合就是15,14和11,所以三个骰子各面的点数如下图。

247

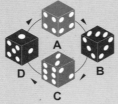

两个六面骰子进行抛掷，会产生36种不同的结果。下面的表格中列出了骰子C和骰子D的对决情况：36种情况中，C赢24次，D只赢12次。而在D和A对决、A和B对决、B和C对决中会产生类似的结果。无论你的对手选哪颗骰子，你都可以选择与其相邻左侧的那颗骰子（如果对方选D你就用A），这样胜算概率有 $2/3$。

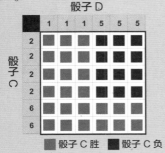

248

两个问题这样问：① "我是不是在拉维城？" ② "我是不是在拉维城？"

只说真话的人会回答两个"是的"，只说假话的人会回答两个"不是"，真假不定的人会回答一个"是的"和一个"不是"。

249

这个结构是由两个环组成的，因此可以分开。

250

虽然说硬币本身是公平的，每次抛掷出正面或反面的概率是均等的，但是先抛的人就获得了决定性的优势，无论这个抛硬币游戏进行多久。先抛的人赢得游戏的概率为每次抛掷的胜率之和：

$$1/2 + (1/2)^3 + (1/2)^5 + (1/2)^7 + \cdots\cdots$$

这个序列具备无限个项，最后的值接近于 $2/3$。所以先掷的人胜出的概率几乎是后掷的人的两倍。如果你觉得这个结果超乎常理不切实际，可以自己找硬币实测，做好记录。

251

下图中将所有从1号点为起始点的三角形全部绘出了。可以看到，这21个三角形中有18个直角三角形，所以概率为 $6/7$。

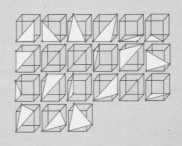

252

实际上，毕达哥拉斯定理（即勾股定理）不仅适用于六边形和正方形，而且对于任何几何相似的图形都适用。

数学家石美尔找到一个答案，将其拆分成五块（下图上半部分，左右两图）。另外美国数学家格莱格·弗雷德里克森找到一种比较"投机取巧"的解法，拆分成四块（下图下半部分，左右两图）。

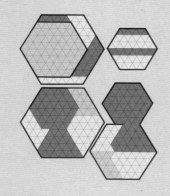

253

七只鸟可以产生二十一种不同的配对组合。可以采用下方的列表法进行系统分析觅食安排：

第一天：1，2，3号鸟。配对组合有：1-2，1-3，2-3。

第二天：1，4，5号鸟。配对组合有：1-4，1-5，4-5。

第三天：1，6，7号鸟。配对组合有：1-6，1-7，6-7。

第四天：2，4，6号鸟。配对组合有：2-4，2-6，4-6。

第五天：2，5，7号鸟。配对组合有：2-5，2-7，5-7。

第六天：3，4，7号鸟。配对组合有：3-4，3-7，4-7。

第七天：3，5，6号鸟。配对组合有：3-5，3-6，5-6。

254

最短路径是一张树形图（即没有闭合环路），且图上的所有连线之间的夹角都是120度。如果需要连接的点很多，那么绘出最短路径的难度就很大。不过有意思的是，用一个三维模型浸入肥皂溶液中就可以立即解开此类问题，无论多复杂。

五个小镇的解法，是由尼克·巴克斯特提供的。

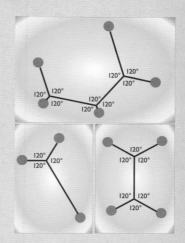

255

256
概率不到 2%：

$$\frac{6}{6} \times \frac{5}{6} \times \frac{4}{6} \times \frac{3}{6} \times \frac{2}{6} \times \frac{1}{6} = 0.015（1.5\%）$$

257
这几根互相连接的管子水平面相同。水的压力同管子的容积、形状都没有关系，只跟液体的高度有关。这个叫作流体静力学悖论。

258
第 11 个正方形的边长为 32。按这个序列的规律，每隔一个正方形，边长会翻倍。

259
年龄乘积为 36 的三个数字，共有八种组合，如下：

儿子一	儿子二	儿子三	乘积	总和
1	1	36	36	38
1	2	18	36	21
1	3	12	36	16
1	4	9	36	14
1	6	6	36	13
2	2	9	36	13
2	3	6	36	11
3	3	4	36	10

而伊凡在知道了年龄之和以及今天的日期之后还是无法得出答案，那就说明这个和是 13，因为 13 有两种不同的组合。然后对于小儿子额外的一条信息即可将一种情况排除了，那就是一个 9 岁、两个 2 岁。因为这个组合之中不存在小儿子这一说。

所以伊凡就能确定唯一的答案了：1 岁、6 岁和 6 岁。